军事黑科技大揭秘

瀚鼎文化工作室 ◎ 编著

航空工业出版社

北 京

内 容 提 要

本书通过搜集大量的资料，精选了多种军事黑科技武器，并以图文并茂的形式一一展示给读者。书中通过准确的数据和真实的事件揭秘每一种军事黑科技武器的"辛酸史"，最大程度地满足各位读者的好奇心。本书适合广大军事爱好者阅读和收藏。

图书在版编目（CIP）数据

百科图解军事黑科技大揭秘 ／ 瀚鼎文化工作室编著. — 北京：航空工业出版社，2016.7（2021.7重印）
ISBN 978-7-5165-1030-8

Ⅰ．①百… Ⅱ．①瀚… Ⅲ．①军事技术 – 普及读物 Ⅳ．① E9-49

中国版本图书馆 CIP 数据核字（2016）第 152164 号

百科图解军事黑科技大揭秘
Baike Tujie Junshi Heikeji Da Jiemi

航空工业出版社出版发行
（北京市朝阳区京顺路5号曙光大厦C座四层　100028）
发行部电话：010-85672663　010-85672683

三河市双升印务有限公司印刷	全国各地新华书店经售
2016 年 7 月第 1 版	2021 年 7 月第 2 次印刷
开本：710×1000　1/16	字数：200 千字
印张：10.75	定价：29.80 元

前　言

在战争史上,许多国家都曾秘密研制一些非常特殊的武器。这些武器有的充满创意,但由于受时代的限制无法成为现实,有的设计理念天马行空,但并没任何用处,当然也有一些开创了后世同类武器的先河。这些武器,我们称它们为"黑科技"。

许多黑科技武器在战场上亮相的次数并不多,从这些黑科技武器身上,体现了科学家们丰富的创造力和人类科技的巨大进步。即便是一些被认为是"失败"的武器,日后也有可能成为重要发明。

本书从形形色色的黑科技武器中挑选了一些比较具有代表性的例子,并对这些个性鲜明的武器进行详细解读。读者可以从这些黑科技武器的设计背景、开发历程、最终效果等方面一览黑科技武器的风采。

目 录 CONTENTS

第一章 ◎ 超级大炮

001 "巴黎大炮" 2
002 古斯塔夫巨炮 4
003 V–3 超级大炮 6
004 "原子安妮" 8
005 2A3 "聚光器" 原子炮 10
006 巴巴多斯大炮 12
007 太阳炮 14
008 空气炮 16
009 沙皇炮 18
专题：卡尔臼炮 20

第二章 ◎ 超级坦克

010 沙皇坦克 22
011 "鼠"式重型坦克 24
012 P–1000 超重型坦克 26
013 P–1500 "巨人"超重型坦克 28
014 KT–40 "飞行坦克" 30
015 "加温 –T"型坦克 32
016 TV–8 核动力坦克 34
017 1K–17 型激光坦克 36
专题：坦克的三要素 38

第三章 ◎ 超级飞机

018 Fw 61 40
019 VS–300 直升机 42
020 N–1M 44
021 XP–79B "飞槌" 46
022 MXY–7 樱花特别攻击机 48
023 容克 Ju.287 V1 轰炸机 50
024 Ho 229 战斗轰炸机 52
025 NB–36H 核动力试验机 54
026 VJ–101 垂直起降战斗机 56
027 Do.31 垂直起降运输机 58
028 西科斯基 S–72X 有翼直升机 60
029 J8M 62
030 Ho X 截击机 64
031 米亚 –4 重型轰炸机 66
032 图 –119 核动力轰炸机 68
033 "空中战列舰"——K7 70
034 XB–70 轰炸机 72
035 VVA–14 水上反潜机 74
036 "里海怪物" 76
037 "飞行航母" 78
038 "空天母舰" 80
039 "银鸟"空天轰炸机 82
040 X–37B 绝密战机 84
041 Bv 141 侦察机 86
专题：隐身飞机真的能"隐身"吗? 88

目 录 CONTENTS

第四章 ◎ 超级炸弹

042 凯特林炸弹 — **90**
043 气球炸弹 — **92**
044 蝙蝠炸弹 — **94**
045 自杀式鱼雷——"回天" — **96**
046 费里茨 X 制导炸弹 — **98**
047 哥利亚遥控炸弹 — **100**
048 道格拉斯 VB 系列制导炸弹 — **102**
049 "蝙蝠"制导炸弹 — **104**
050 蓝孔雀核地雷 — **106**
051 超频 –6 核地雷 — **108**
052 "沙皇炸弹" — **110**
053 "炸弹之母" — **112**
054 "炸弹之父" — **114**
专题：原子弹和氢弹有什么不同？ — **116**

第五章 ◎ 奇特武器

055 RF–8 军用雪橇 — **118**
056 刺猬炮 — **120**
057 防空气球 — **122**
058 喀秋莎火箭炮 — **124**
059 SR–71 黑鸟式侦察机 — **126**
060 骨架坦克 — **128**
061 Char 2C 超重型坦克 — **130**
062 M50A1 联装自行无后坐力炮 — **132**
专题：未来武器会是什么样？ — **134**

第六章 ◎ 其他武器

063 M–388 核火箭筒 — **136**
064 米 –12 直升机 — **138**
065 伊 400 级潜艇（1） — **140**
065 伊 400 级潜艇（2） — **142**
066 "大和"号战列舰 — **144**
067 冰山舰母 — **146**
068 圆盘战舰 — **148**
069 会转弯的枪 — **150**
070 反坦克犬 — **152**
071 螺旋桨滑行装甲车 — **154**
072 装甲列车 — **156**
073 特洛伊木马 — **158**
074 木牛流马 — **160**
075 希腊火 — **162**
076 神火飞鸦 — **164**

第一章
超级大炮

001 "巴黎大炮"

1918年3月23日7时20分，法国巴黎塞纳河畔突然响起一声巨响。伴随着滚滚浓烟，从睡梦中惊醒的巴黎市民四处奔逃。之后，每隔15分钟就有爆炸声在巴黎城内响起，一直持续到下午。当天黄昏，法国的电台广播了这样一则消息："敌方飞行员从高空飞越法德边界，并攻击了巴黎。有多枚炸弹落地，造成多起伤亡……"可是，对于电台的说法，巴黎市民并不相信，因为他们既没有看到飞机，也没有听到飞机的轰鸣声。3月29日，德军的一发炮弹击中了巴黎市中心的圣热尔瓦大教堂，造成91人死亡、100多人受伤的惨剧。巴黎市民人心惶惶，纷纷议论是否德国人已经攻入了巴黎。就在人们惊慌失措的时候，法国特工在靠近法德边界的克雷彼发现了德国的一种远程大炮，并认定轰炸巴黎的炮弹是从这里射出的。但当时普通大炮的射程不超过20千米，而克雷彼距离巴黎120千米之遥，不要说法国人，就是不明就里的德国人也认为这是无稽之谈。可事实上，这种被命名为"威廉火炮"的超级巨炮就是德军最新研制的秘密武器。鉴于其威震巴黎的"业绩"，德军又把它称为"巴黎大炮"。

"巴黎大炮"长长的炮管是将210毫米炮管插进380毫米的炮管内拼接而成的，长度达到了36米。其长径比（即炮管长度和口径的比例）达到了人类有史以来最大的172。为了支撑细长的炮管不被自身重量弯曲，在整段炮身都加装了辅助支架。炮弹飞行高度可达40千米，高空稀薄的空气使阻力减小，从而提高射程。当然，如此远的射程也就没有什么精度而言了。从1918年3月23日至8月9日，3门"巴黎大炮"从不同位置向巴黎共发射了300多发炮弹，其中只有180发落在市区，其余的落在了郊外，造成200多人死亡、600多人受伤。

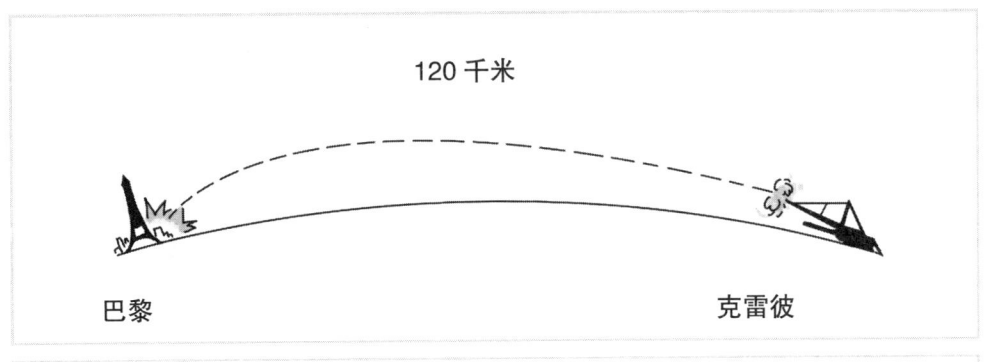

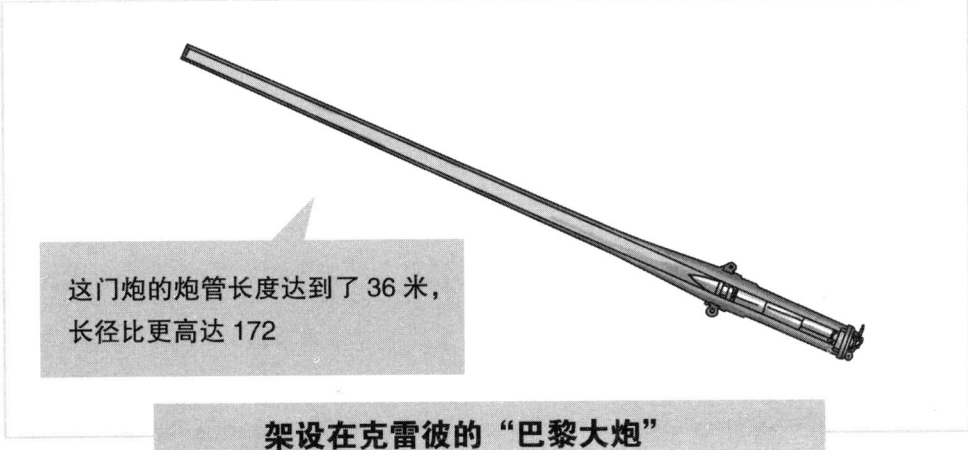

这门炮的炮管长度达到了36米，长径比更高达172

架设在克雷彼的"巴黎大炮"

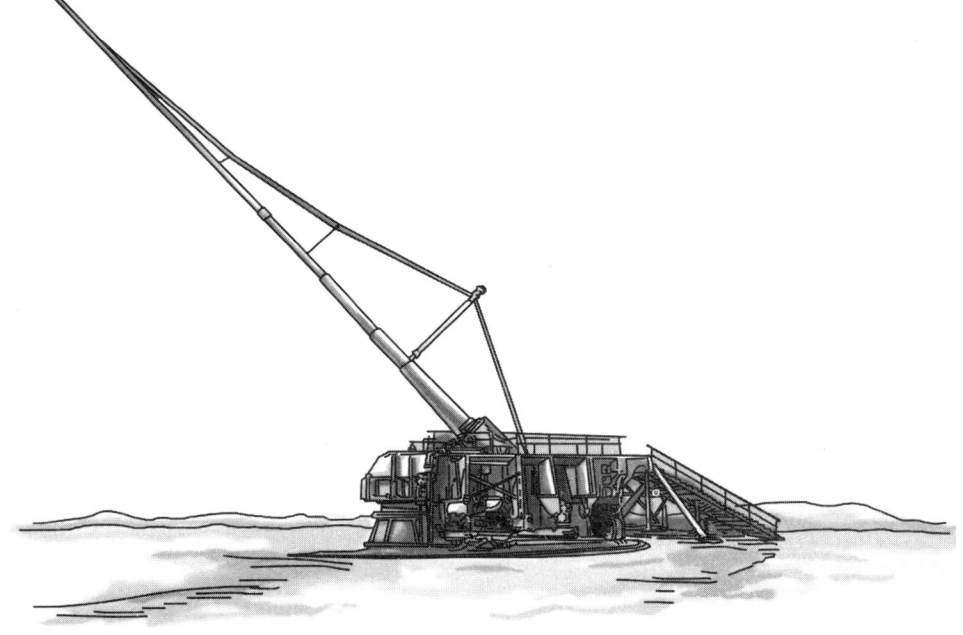

古斯塔夫巨炮

古斯塔夫巨炮是德国在第二次世界大战（以下简称二战）期间制造的800毫米K（E）铁道炮的第一座，另一座被称为多拉巨炮。这两座铁道炮都是由德国克虏伯公司研制。

古斯塔夫巨炮之所以称为巨炮，是因为它拥有高达800毫米的口径，全长47.3米，全重1350吨，可以将一发7吨重的炮弹发射到37千米以外的距离！

这门巨炮的主要用途就是作为前线部队曲射支援火力，击毁当时仍然被各国陆军视为防御主干的大型要塞与碉堡。德国人制造这门巨炮的初衷是为了能摧毁法国的马奇诺防线，后来这条防线被古德里安的第19装甲军从北方越过，令古斯塔夫巨炮失去了大显身手的机会。

1942年3月，古斯塔夫巨炮终于派上了用场。德国军方组建了第672重炮兵E组，专门使用古斯塔夫巨炮。从德国到位于东线的克里米亚战场，仅仅运输古斯塔夫巨炮的列车就有25节之多。在组装和修筑供古斯塔夫巨炮回旋调整射角的铁路之后，古斯塔夫巨炮在6月5日发出了怒吼。它先后攻击了斯大林堡垒、莫洛托夫堡垒、西伯利亚堡垒、马克沁·高尔基堡垒等多个苏军工事，共发射了48发炮弹，将这些工事夷为平地。

在列宁格勒战役中，古斯塔夫巨炮已经在距列宁格勒30千米外部署完毕，进入战备状态，但由于受冬天气候的影响，不利于德军采取攻势，最终取消了对列宁格勒的作战计划。冬天结束后，古斯塔夫巨炮被送回德国大翻修，从此一直留在德国。

最终，在二战即将结束的时候，古斯塔夫巨炮被德国人炸毁，以免落入苏联手中。

古斯塔夫巨炮的姊妹——多拉巨炮

与古斯塔夫巨炮相比，它的姊妹炮多拉在战场上的表现要逊色很多。它被运到苏德战场上没多久，德军就陷入了重围，尚未发挥多大作用的多拉又匆匆被运回德国。在1944年的华沙起义中，人们才见识了多拉巨炮的威力。当时，它与德军的白炮一起，将整个华沙城夷为了平地。

```
斯大林堡垒

莫洛托夫堡垒

西伯利亚堡垒

马克沁·高尔基堡垒
```

古斯塔夫巨炮

总重：1350 吨

全长：47.3 米

炮管长度：32.48 米

宽度：7.1 米

全高：11.6 米

操作人数：250人于3日内完成组装，2500人铺设铁轨，2个高炮营负责防空。

古斯塔夫巨炮与成人、主战坦克大小对比

V-3 超级大炮

二战中后期，德国无力对英国发起新的进攻，希特勒将希望寄托在了一些新奇的武器上。德国列库林公司的工程师昆达根据战争的需要，提出了多节远程大炮计划。希特勒批准了这一计划，并将新式火炮命名为V-3。

V-3是一门五段加速的大炮，原理是利用在多段炮管中引爆火药来达到经多次加速使炮弹有更高的初速和更远的射程。V-3全长为120米，由五门连结起来的榴弹炮组成。初期的设计方案是在炮弹行进中引爆内藏的火药以达到加速效果。后来因为火箭引擎更为有效益，所以改以使用每节一对的火箭引擎作为爆发能源而非依靠一般大炮式的引爆火药。这些火箭引擎被固定在炮管里面，和炮身大约成30度角。炮管长度使得V-3难以改变角度来瞄准其他方向，但是因为V-3原本的设计目的就是长距离炮击英国伦敦，所以在对准之后也不需要改变射击角度。

1943年初，德国陆军部负责军工的利夫将军考察V-3的研制情况。他发现许多参与制造V-3的工程技术人员都是门外汉，多节远程大炮计划的实用性极低。利夫将军听取了汇报，得知多节远程大炮计划是希特勒批准的，立刻对现场进行了仔细检查，发现试验现场指挥不力，炮弹根本发射不出去，原因是各节炮身的点火时间不准确，因而多次发生炮身被炸事故。

1943年5月，针对出现的问题，技术人员的改进措施取得了成效，炮弹能发射出去了，但射程只有几十千米，远远没有达到300千米的目标值。此后，技术人员又不断增加炮身节数，以便增大射程。但随着炮身节数的增加，对各火药室适时点火的控制越来越困难。利夫将军认为这个计划是异想天开，在技术上很难实现。

1944年，V-3在英国皇家空军第617连队的轰炸下被破坏，从此，这种尚未投入使用的武器就此消失。

德国的"复仇武器"

二战进入后期时，德国作为战争的发起国之一已经日益陷入被动，他们希望通过一些先进的武器来改变这种局面，这就有了"复仇武器"计划，而V-3是"复仇武器3号"的缩写。除此之外，还有V-1和V-2，这两种武器是现代巡航导弹的鼻祖。

V-3 超级大炮炮管

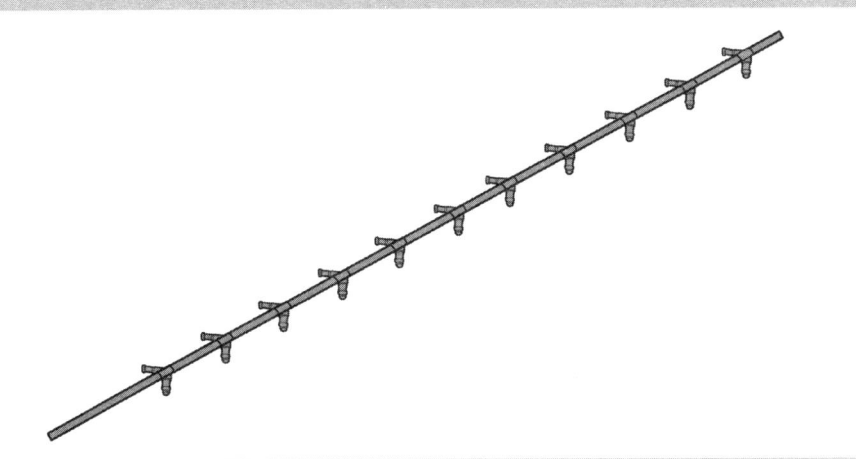

在炮弹行进中引爆内藏的火药以达到加速效果

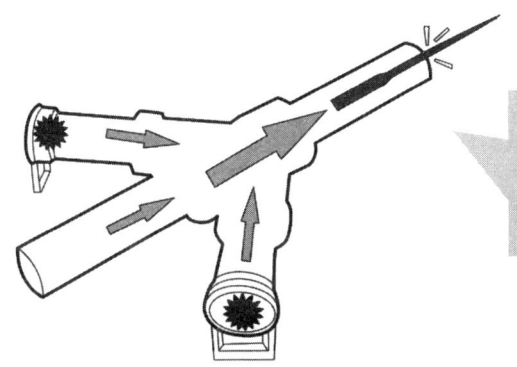

炮弹根本发射不出去,原因是各节炮身的点火时间不准确

由于炮身节数和射程之间的正比关系,德国人为了提高射程不断增加炮身节数,使得火炮越来越难受控

"原子安妮"

"原子安妮"是冷战期间美国研制的M65型原子炮的昵称，该型原子炮专门用来发射核炮弹。所发射的核炮弹爆炸威力相当于美国投到日本广岛的原子弹爆炸威力的四分之一，大致等同于4000发155毫米炮弹的威力。

"原子安妮"专用于发射核炮弹，所以又有"冷战魔炮"之称。"冷战魔炮"的正式名字叫280毫米A型炮。

"原子安妮"口径为280毫米，全炮重量为85吨，射程分别为29千米（发射272.4千克的核炮弹时）和32千米（发射常规榴弹时），炮身长12.2米，射击准备时间15分钟。

"原子安妮"炮身较长，其后坐力巨大，因此必须预设阵地。拖车采用前后各一式的双牵引车型，不需要转向，既可前进，也可后退；拖车上装有液压千斤顶，可将炮从拖车上卸下。

"原子安妮"试射成功后不久，就出现在了联邦德国的莱茵河地区。美军在那里部署了一个战术核炮营，共设3个连，每个连编配2门M65原子炮、4辆牵引车和8辆运送核炮弹和人员的卡车，但是这种原子炮核安全系数并不高。即使是没有发射，限于当时的技术条件，口径280毫米、重272千克的核炮弹根本做不到完全屏蔽核材料的放射线，连炮手的健康都受到核辐射威胁。

1953年7月27日，《朝鲜停战协定》在板门店签订。美国在《朝鲜停战协定》后将"原子安妮"运抵韩国，并和韩国军队在军事分界线附近举行核突击军事演习，以显示其战术核威慑力。

"小男孩"原子弹

"小男孩"原子弹是二战时美国在日本广岛投掷首枚原子弹的名称，它是人类历史上首次被使用的核武器。"小男孩"爆炸时所释放的能量相当于13000吨TNT炸药爆炸的威力。

"原子安妮"所发射的炮弹是小型核弹,爆炸威力大约相当于"小男孩"原子弹爆炸威力的四分之一

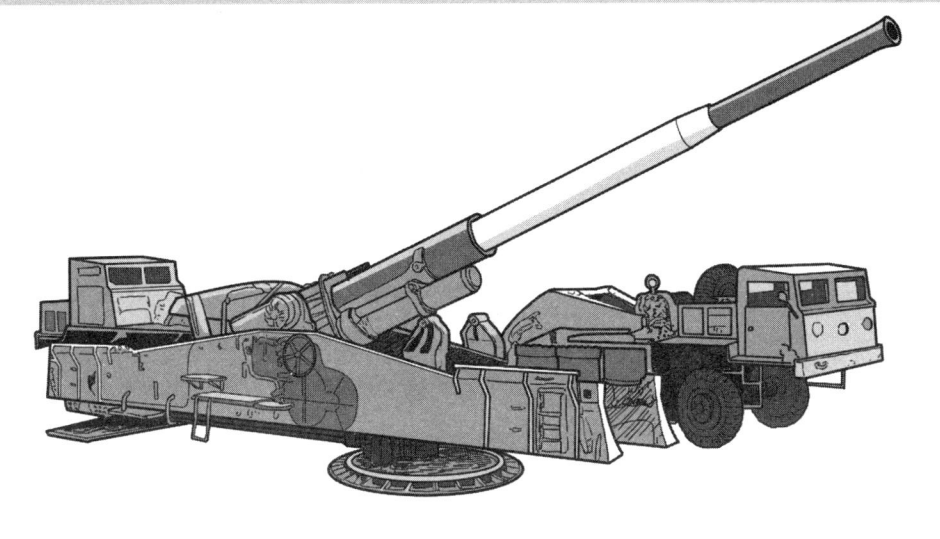

由于"原子安妮"使用的是核炮弹,因此不能像常规炮弹那样直接由装填手进行装填,而是要通过吊臂将炮弹悬吊在上方

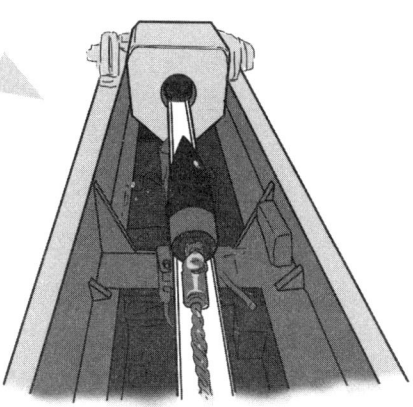

由于"原子安妮"并非靠人力或自动装填机装填核炮,需要不断调整

005　2A3"聚光器"原子炮

　　2A3"聚光器"原子炮是苏联生产的自行原子榴弹炮，主要是为了应对美国的"原子安妮"。"原子安妮"问世后不久，美军就在联邦德国的莱茵河地区布置了一个战术核炮营，共设有6门"原子安妮"对着被苏联扶持的民主德国。

　　作为回应，苏联开始了自己的原子炮研制计划，1956年研制成功，代号2A3，也称为"聚光器"。"聚光器"只能发射由火箭助推的高爆榴弹或战术核弹，而且炮车自身不携带炮弹，由专用的弹药车供弹，通过车尾的小吊车装弹，发射频率为每2~5分钟1发。虽然射速偏低，不过，对于这些执行战术核打击任务的火炮来说，对它们并没有多少火力密集度上的要求。

　　除了2A3"聚光器"，苏联同时还研制出了2B1"奥卡"原子炮，这是比"聚光器"口径更大的加农炮。

　　由于设计原因，这两种自行火炮在实际开动时，炮身是朝向车尾的。为适应重量，每侧的负重轮增加到了8个，拖带轮则有4个。由于它们的后坐力都非常大，设计人员特意完善了悬挂系统，而由于这两种自行火炮的体积实在太大，运输起来相当麻烦。

　　2A3"聚光器"和2B1"奥卡"仅仅在1957年的红场阅兵式露了一次面。实际上，虽然苏联人研制了它们，但并没有考虑过如何使用它们。因为当时苏军前线航空兵使用的伊尔-28"小猎兔犬"轻型轰炸机已经足以完成实施战术核打击的任务。

　　1960年，所有的2A3和2B1退出现役，成为了博物馆中的展品。

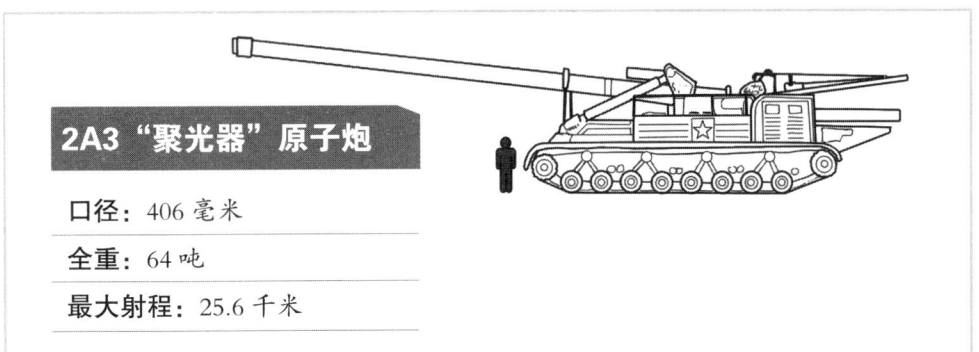

2A3 "聚光器" 原子炮

口径：406 毫米

全重：64 吨

最大射程：25.6 千米

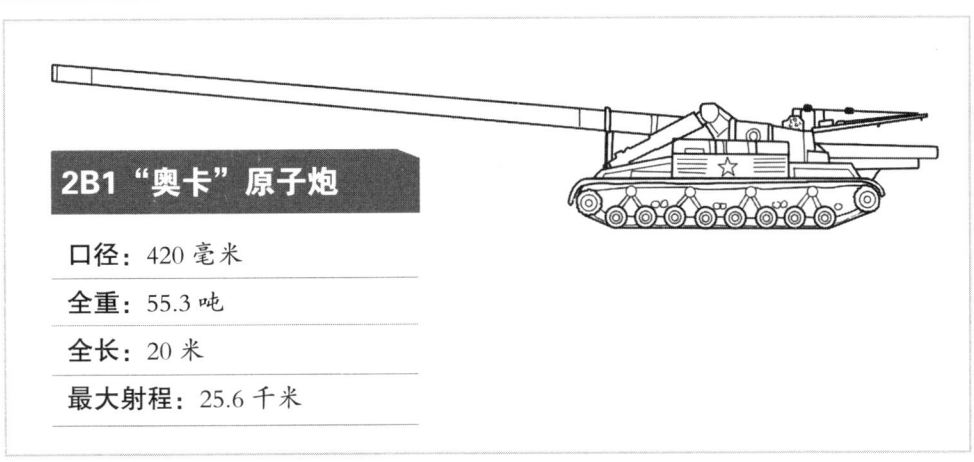

2B1 "奥卡" 原子炮

口径：420 毫米

全重：55.3 吨

全长：20 米

最大射程：25.6 千米

> 2A3 和 2B1 均需要被送至战场前沿才能使用，相比之下，轰炸机、导弹等能够远程进行战术核打击的武器更加符合实际作战需要

巴巴多斯大炮

巴巴多斯大炮是由加拿大籍火炮设计师杰拉尔德·布尔主持设计，据说它是可以发射卫星的大炮，因其试验场位于加勒比海的巴巴多斯岛而得名。早在1964年，布尔就设计过一种"竖琴"武器系统。这种武器系统从本质上看就是一门超级大炮，可把重2吨的弹头射入低层地球轨道，凭借这一设计，布尔很快名声鹊起。

之后，他得到美国政府和加拿大政府的支持和资助，开展了"高空飞行研究计划"，这项研究的目的是验证通过大炮向太空发射卫星的可行性。

布尔在巴巴多斯建造他的大炮，为了节约成本，布尔将两门16英寸战列舰主炮焊接起来，同时，参考"巴黎大炮"的某些技术，最后制成了一门口径424毫米、长达36米的超级巨炮，使用了他本人设计的新型火箭增程弹，并成功进行了试射。

在1966年进行的一次试射中，大炮成功地将90千克重的炮弹抛射到180千米高的太空。从理论上讲，这门火炮能够将100千克重的炮弹发射到4000千米远的地方，发射214千克重的火箭增程弹时射程可达到2570千米，重量稍轻一些的载体可以被垂直发射送到250千米以上的太空！它所保持的记录在单管火炮领域至今也没有对手能够打破。在世界上现存的可实用的巨型大炮中，巴巴多斯大炮超远的射程纪录保持至今。

尽管巴巴多斯大炮取得了很大成功，但随着火箭技术的高速发展，加拿大和美国军方对布尔的研究项目不再感兴趣，并于1967年6月宣布终止"高空飞行研究计划"，但鉴于布尔所取得的杰出成就，加拿大政府授予他荣誉极高的"麦克迪奖"。

巴比伦大炮

当布尔的巴巴多斯大炮在加拿大和美国遭到冷遇之后，他受伊拉克前总统萨达姆的邀请开始建造人类历史上最大的一门火炮——巴比伦大炮。若这门大炮建成的话，其长度将有150米，甚至可能将2吨重的卫星直接发射到太空！布尔的这一计划震惊了其他一些伊拉克的敌对国家，他们很快派遣特工暗杀了布尔。

巴巴多斯大炮

全长：36 米

口径：424 毫米

最大射程：可将 90 千克重的炮弹抛射到 180 千米高的太空

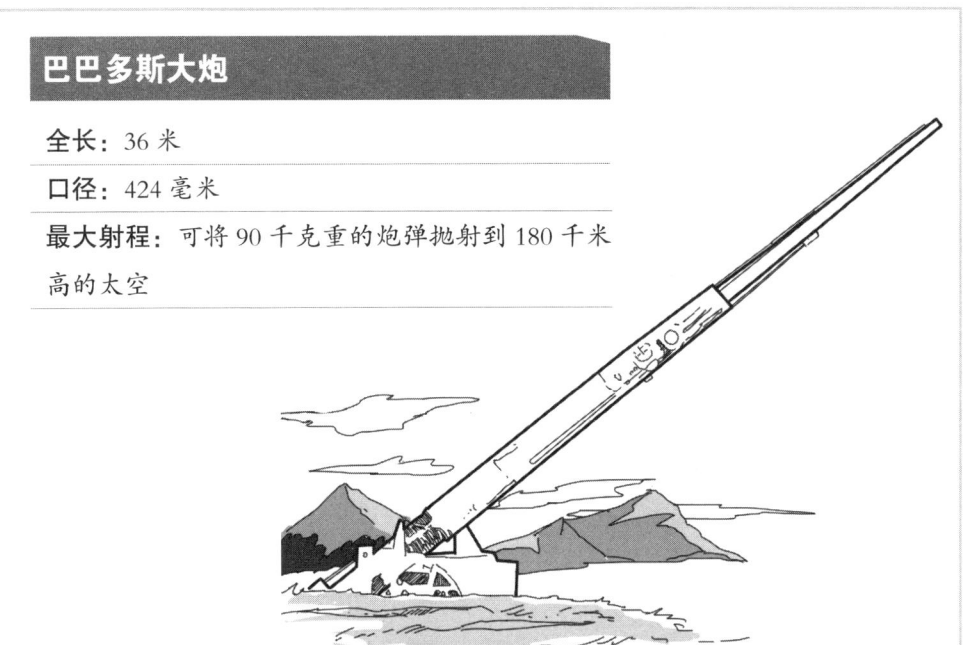

巴巴多斯大炮的射程有多远呢？从理论上讲，它的射程与中程导弹差不多，垂直发射的话甚至能将炮弹一直打到外太空

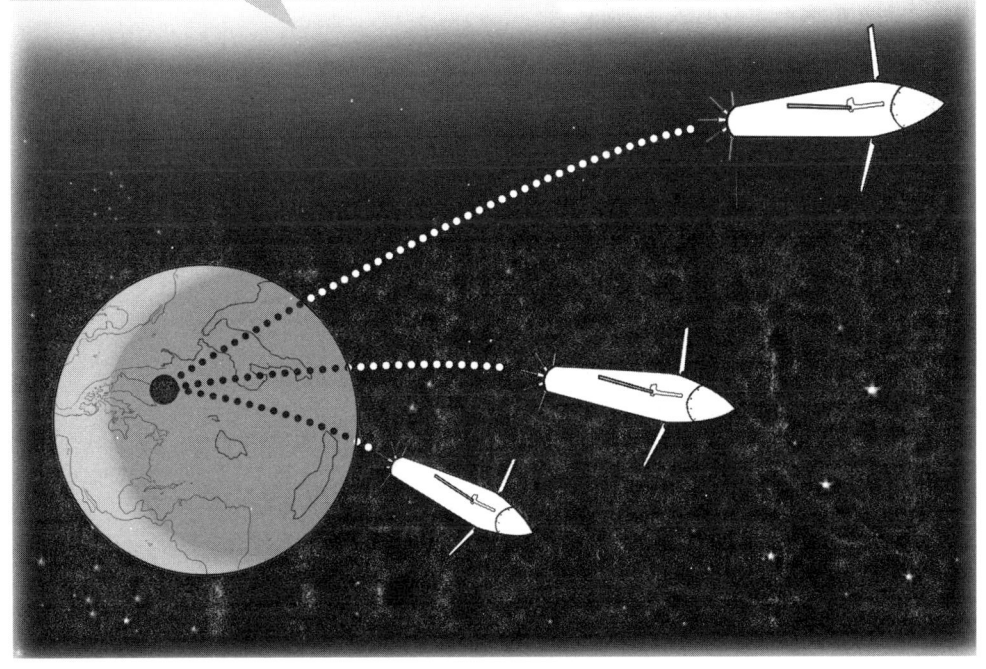

007 太阳炮

　　太阳炮是在二战末期德国科学家计划研制的一种疯狂武器。所谓的太阳炮实际上是一面巨型轨道镜，通过聚焦阳光来灼烧地面上的目标。德军希望利用这种武器焚毁敌方城市或者将位于海洋上的某一区域变成沸水。

　　制造太阳炮的想法最初由火箭学家赫尔曼·奥伯特在1923年提出。根据设想，这种太阳炮通过预制的镜片组装在一起，这些镜片形成一个巨大的凹面镜，直径达到1.6千米，然后用运输火箭将其发射到地球同步轨道。

　　进入轨道后，火箭将展开6条长长的缆绳，每一条缆绳的直径大约在1.27厘米到3.81厘米。火箭通过自身的旋转展开缆绳，利用缆绳作为地基，将六角形组件组装成一个网络，每个组件的宽度达到几千米。整个结构的旋转会让缆绳保持紧绷状态。每个组件含有一个可移动的圆形镜片。阳光对镜面的压力驱使整个结构在轨道中移动，它的转向是通过调节个体镜片的角度实现。

　　事实上，且不说制造太阳炮的部署需要耗费的资金和技术，也不管技术上能否实现，就其效果而言，这项计划在物理学上并不具有可行性，借助于透镜或者镜子，很难让阳光形成一个具有破坏力的点。

　　不过，如果太空炮能够完成的话，倒可能在数千平方千米的范围内形成一个比较明亮的地区。根据科学家们推断，虽然太阳炮所带来的亮度和温度并不会猛烈增加和升高，但如果将太空镜的面积再扩大1倍，所能产生的效果将增至原来的4倍，预计它可以让地表温度达到200摄氏度，这足以对所覆盖区域造成毁灭性的打击。

> **为什么放大镜不能聚焦灯光？**
> 　　放大镜的实质是一面中央较厚、边缘较薄的凸透镜。凸透镜能够在平行光线（如阳光）通过时完成聚焦，在完成这一过程的同时将光线中的射线集中起来，这也是为什么放大镜能够聚集太阳光并点燃易燃物的原因。不过，在灯光下是无法完成这一实验的。因为灯光的光线是呈放射状的，并非类似太阳光那样的平行光线，因此，放大镜无法聚焦灯光。

原理	发射上空
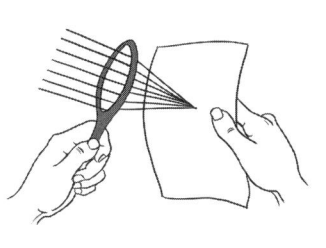	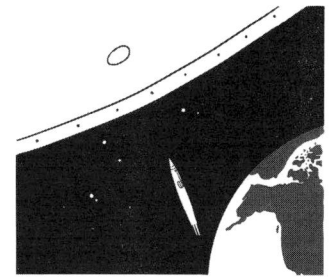
利用放大镜聚焦取火的原理	将巨大的凸透镜发射到外太空

通过遥控"凸透镜"调整角度和焦距，实现对目标的毁灭性打击

空气炮

二战末期，盟军从诺曼底登陆后，德军节节败退。1944年年底，盟军在占领德国海拉斯兵靶场发现了一件奇怪的武器。

该武器长约15米，形似一门大炮，但炮管前部向上弯曲，像一个长烟筒，弯曲部分的顶端安装了一个喷嘴。

盟军指挥部立刻组织了一个调查组，到现场了解情况。调查后发现，这是纳粹德国的新兵器，名字叫空气炮。调查组在俘虏中找到了空气炮的研究人员，从他们那里了解到了这个奇怪武器的相关情况。

空气炮是德国研制的一种发射"空气"的大炮。这门大炮可以把空气压缩成"空气弹"，然后将"空气弹"发射出去，依靠空气的高压力量摧毁目标。根据德国研究人员的说法，经过试验，空气炮能在200米外击穿厚度为2.5厘米的木板，他们希望经过改进，可以用空气炮击落盟军的飞机！这个试验的结果是否真实暂且不说，如果想用空气炮攻击军用飞机是绝对不可能的，因为木板仅仅是固定目标，而飞机是会动的，空气炮是一种固定方向、固定角度的武器，根本无法瞄准运动物体！

其实，空气炮的原理非常简单，其实质是一个大型的化学试验。该空气炮的主体就是形似炮管的大烟筒，把氢气和氧气充到烟筒管内，然后加高压，使高压气体从喷嘴喷出，射向目标。

据说，德军曾经把空气炮投入实战使用，他们将空气炮布置在艾尔贝大铁桥旁边，并用空气炮攻击过盟军的战斗机，但是没有取得任何战果。有人认为，可能是高压气流击中飞机但无法辨认，于是又在高压气中加入识别颜色，重新进行了试验，可惜还是无效。

也就是说，无论是这一设计的可行性，还是最终达到的效果，空气炮确实是一种完全不实用的武器。

空气炮的杀伤效果

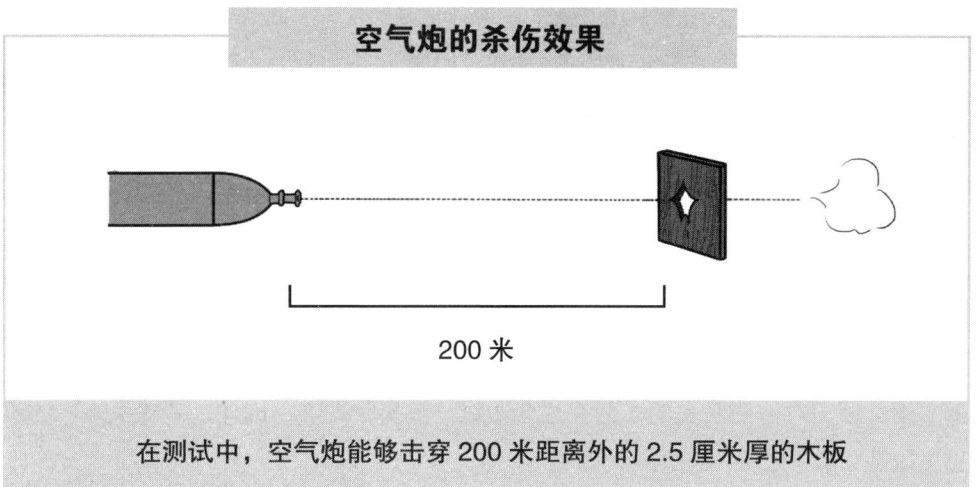

200 米

在测试中,空气炮能够击穿 200 米距离外的 2.5 厘米厚的木板

根据设想,空气炮将用于击落盟军的飞机,但实际上它从来没有实现过这一目标

沙皇炮

沙皇炮是1586年在俄国沙皇费奥多尔·伊万诺维奇的命令下建造的一门大炮。它的重量约39吨，全长5.34米，口径890毫米，外径1200毫米，是吉尼斯世界纪录中最大的榴弹炮。

有一种说法，沙皇炮得名于其炮身上绘制有费奥多尔·伊万诺维奇骑马之姿。事实上，俄国对一些巨大的东西往往会冠以"沙皇"之名，因此，"沙皇炮"的意思应该是"炮中之王"，即最大的炮。

当时建造这门炮的目的是为了保卫克里姆林宫，但实际上它并没有被使用过，反而常被拿来炫耀俄国的军事实力和技术。当时的沙皇炮位于红场附近为它特制的一个木座上。为了移动它，要在八个柄上拴上绳索，再套到200匹马上，才能拉得动。

如今，这门沙皇炮被放置在克里姆林宫的广场上，旁边还有几发巨大的炮弹，每发炮弹足有2吨重。这些炮弹是19世纪建造的，目的主要是用于衬托沙皇炮的威武，而并不是沙皇炮能使用的炮弹。

沙皇炮发射的炮弹名为"葡萄弹"，是18世纪欧洲常用的炮弹类型之一。葡萄弹是将数颗球形铁弹或铅弹装在一个弹壳（圆桶和箱形弹体）内，弹丸之间用铁箍捆在一起，葡萄串一般，因而得名。

典型的葡萄弹是每3个铁丸用铁箍捆在一起，再用铸铁片装入很薄的容器，发射后容器爆裂，里面的铅弹丸或铁弹丸射出，形成散射面，威力极大。葡萄弹的原理和霰弹有些相似，但又有所不同，葡萄弹是海军使用的弹种之一，而霰弹则是陆军使用的。在海战中，葡萄弹射出的弹丸可以用于撕裂敌船的帆，或是对甲板上的人员造成大面积杀伤。

沙皇费奥多尔·伊万诺维奇

费奥多尔·伊万诺维奇是俄罗斯的第一个封建王朝——留里克王朝的第二任，也是最后一任沙皇，他的父亲是俄罗斯首位沙皇伊凡四世。费奥多尔·伊万诺维奇天生智力低下，对朝政也漠不关心，他最大嗜好就是到各地的教堂去敲钟，被人们戏称为"敲钟者"。

移动沙皇炮需要200匹马

沙皇炮所使用的葡萄弹

沙皇炮的口径为890毫米,迄今为止,没有任何榴弹炮的口径超过它

专题：卡尔臼炮

臼炮是一种炮身短（口径与炮管长度之比通常在1:12到1:13之间）、射角大、初速低、弹道弧线高的滑膛火炮。因其炮身短粗，外形类似我国的石臼，因此在汉语中被称为"臼炮"。

臼炮最初出现于13世纪，用于发射石弹。我国明清时期的许多火炮都属于臼炮，如造于1377年的大口径轰城炮和1690年所制的威远将军炮。由于臼炮的射角大、弹道弧线高，因此多被用来轰击距离较近、中间隔有山脉等的障碍物、无法平射的目标。日俄战争中，日军曾用280毫米口径的臼炮对旅顺展开地毯式轰击，击沉俄国太平洋舰队多艘战舰。

在一战中，交战双方军队在欧洲的壕堑战地区广泛使用臼炮轰击对方阵地。至二次战时期，仍有美军的小大卫（口径为914毫米）、德军的卡尔臼炮（口径为540毫米）等大口径臼炮参与作战，其中，卡尔臼炮曾经用于塞瓦斯托波尔战役和镇压华沙起义、斯大林格勒战役。

卡尔臼炮总重124吨，可借由自身履带进行短距离移动以在炮位与射角之间进行回旋和调整（回旋角仅有左右各2.5°），由于移动能力的强弱并不是设计这座炮的重点，因此就算消耗了大量的燃油，它的速度也仅能达到每小时10千米。也就是说，如果这座火炮必须由甲地移动到乙地，仍然必须依赖火车运输。

卡尔臼炮威力强大，它发射的重型穿甲弹以大角度坠落，可击穿2.5米厚的水泥碉堡，高爆弹则可以在地上造出直径15米、深5米的大洞，但毕竟它太大又太重，且射击时的效益并不高，加上它射程短以及移动距离近，运输过程中几乎没办法离开铁路，所以，在部署以及使用卡尔臼炮的考量上，曼施坦因将军会先想到是否有铁路接近塞瓦斯托波尔堡垒，其次才是发挥它的威力。

第二章
超级坦克

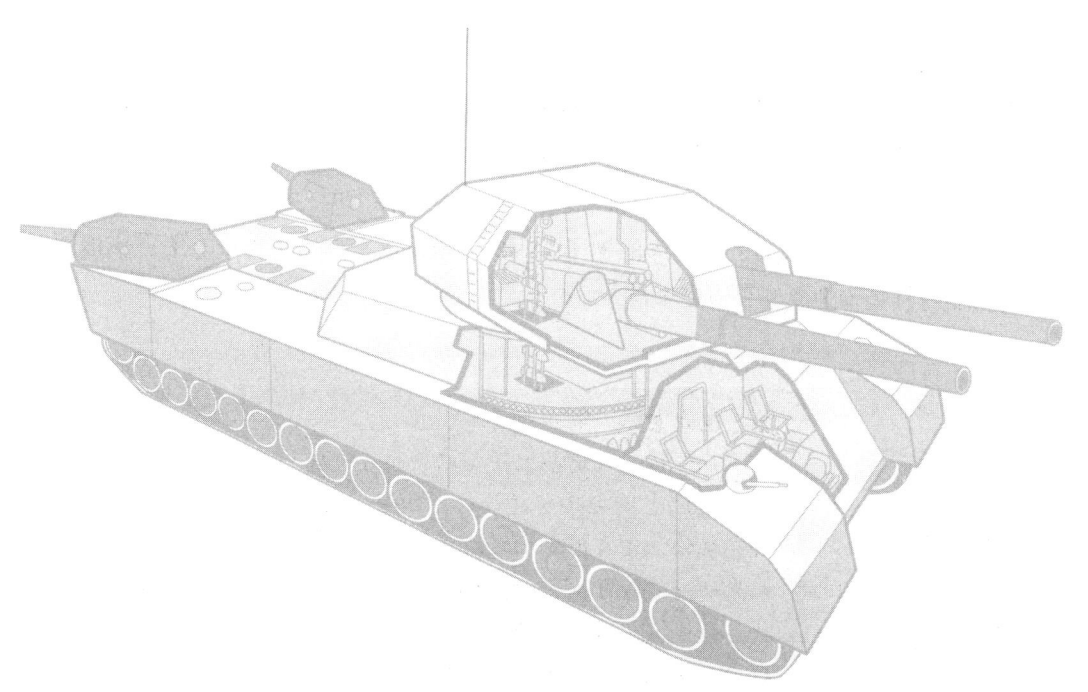

010 沙皇坦克

1914年，沙皇俄国为了追赶英国的工业脚步，开发了这款在当时属于超级武器的装甲战车，取名"Netopyr"，俄语的意思是"蝙蝠"，西方国家则喜欢称之为"TZAR TANK"，即沙皇坦克。

与其称之为坦克，不如叫作沙皇战车，因为它是当时为数不多的无履带装甲战车之一。没有履带的坦克如何行进呢？

沙皇坦克的行进装置是一套两前一后的轮子。它的两个前轮直径都超过了8米，作为动力轮使用。后轮要小得多，直径大约1.5米，是转向轮。沙皇坦克全车重达46吨，其中，仅两个前轮的重量就有33.4吨。

沙皇坦克装备的武器有两门90毫米火炮，比一战中其他国家的坦克所使用的火炮口径都大，另外，还有四门39毫米机炮。可以说，俄国人制造的这种武器根本不是一种用于突击作战的坦克，而是一座移动炮台。

对沙皇坦克最初的设想是将其用于跨越战场上的任何障碍，因此，它必须拥有足够大的车轮，这样，敌方的堑壕或者地沟才不能阻挡它。但实际上，由于其造型太过庞大，当时的发动机根本无法为其提供足够的动力。沙皇坦克的最大公路时速约为23千米，越野时速为3.6千米（远远低于人类的越野速度），最大行程120千米。

1917年8月进行的一次测试中，沙皇坦克在行进过程中后轮始终无法越过障碍物，这让俄国人意识到了沙皇坦克不仅速度缓慢，而且越野能力弱，根本没有机动性可言，它在战场上很容易成为敌人炮火的靶子，因此，被俄国军部当场否决。第一辆俄国坦克就这样悄悄地离开了历史舞台。

世界上第一辆坦克

处于第一次世界大战（以下简称一战）中的英国采纳了战地记者埃文顿的建议，于1915年2月成立了专门的研究机构，在农用拖拉机的基础上研制出了世界上第一辆坦克——"小威利"。因为英国海军取笑其外形像个水柜，按英语单词"水柜"的发音，这个在当时看起来很奇怪的东西就音译成"坦克"（TANK）了。

巨大的车轮可以帮助沙皇坦克跨越战场上的任何障碍，堑壕或者地沟无法阻止它的前进

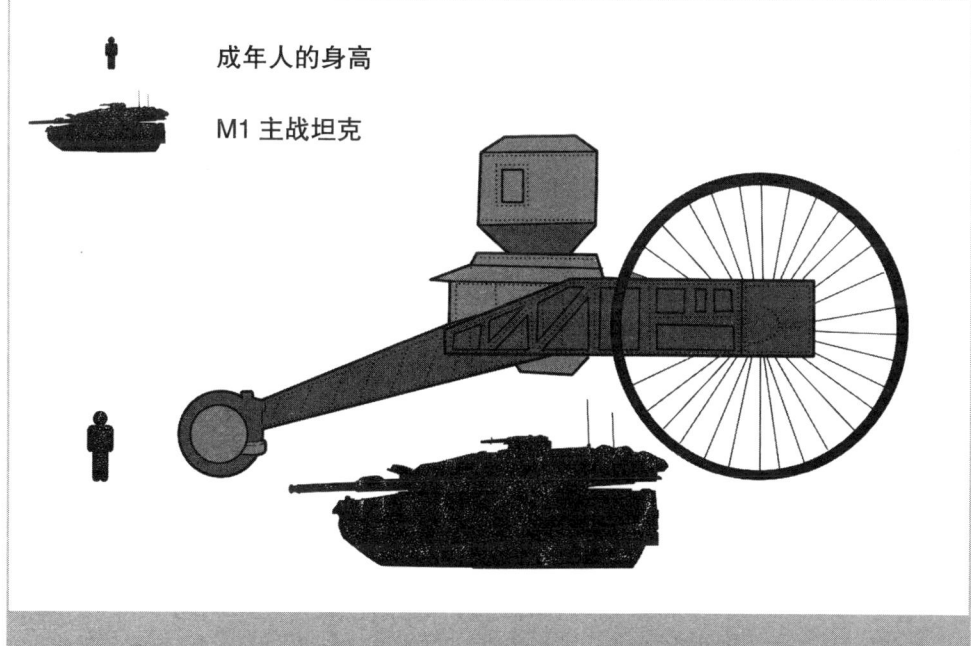

成年人的身高

M1 主战坦克

沙皇坦克尺寸大得惊人，尤其是两个前轮，直径都超过了 8 米，光两个前轮的重量就相当于一辆中型坦克的重量

011 "鼠"式重型坦克

苏德战争爆发之后，德国的"虎"式重型坦克面临着苏联重型坦克的挑战，希特勒决定研制一种新的重型坦克，以期继续保持德国坦克的优势。

1942年3月中旬，保时捷车厂收到一份合约，要求制作一款重100吨的205型VK100.01保时捷坦克。4月，希特勒不遵循坦克设计的规律，强制要求该坦克重量必须超过100吨，达到120吨。5月，斐迪南·保时捷教授与克虏伯公司的穆勒博士合作展开整个计划，希特勒要求坦克无坚不摧，并要搭配高性能的坦克炮。保时捷教授向希特勒许诺在1943年3月12日完成205型的试作车。研发的结果就是"鼠"式重型坦克，这是德国在二战中所设计的最重型坦克，也是全世界到目前为止最重型坦克纪录保持者。

"鼠"式重型坦克完成了设计，一共有两辆原型车问世。

"鼠"式重型坦克原型车的车身长为10.085米长，宽3.67米和高3.66米，重达188吨。它的主要武器为1门128毫米火炮（等同于德国沙恩霍斯特级战列巡洋舰上的舰炮）、75毫米同轴副炮，装甲最厚处达到了260毫米。128毫米火炮的威力是可以在3500米的距离上击穿当时盟军的谢尔曼、克伦威尔、丘吉尔、T-34/85和IS-2坦克的前、侧和后部所有装甲，可以在2000米的距离上击穿M26潘兴，可以在1000米上的距离击穿IS-3的前、侧、后所有装甲。即便如此，希特勒仍然认为128毫米火炮对"鼠"式重型坦克来说只像一门"玩具炮"。

庞大的体形令"鼠"式重型坦克举步维艰，它的时速只有13千米，追不上当时的任何坦克。

令人生畏的"虎"式坦克

虎式坦克是二战中最著名、最具有传奇色彩的坦克之一。从1942年下半年服役起至1945年德国投降为止，一直活跃于战场第一线，德军称其为"无敌坦克"。虎式坦克在战争中击毁了盟军大量的坦克和其他装备，在对手心中创造了不可战胜的神话，留下了威力巨大的深刻印象。

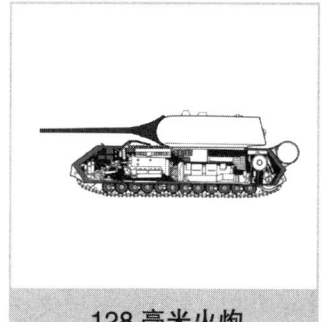
128毫米火炮

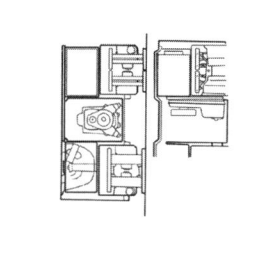
与重量完全不符的发动机

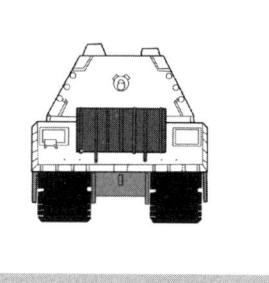
260毫米装甲

人类建造过的最重型坦克——"鼠"式重型坦克

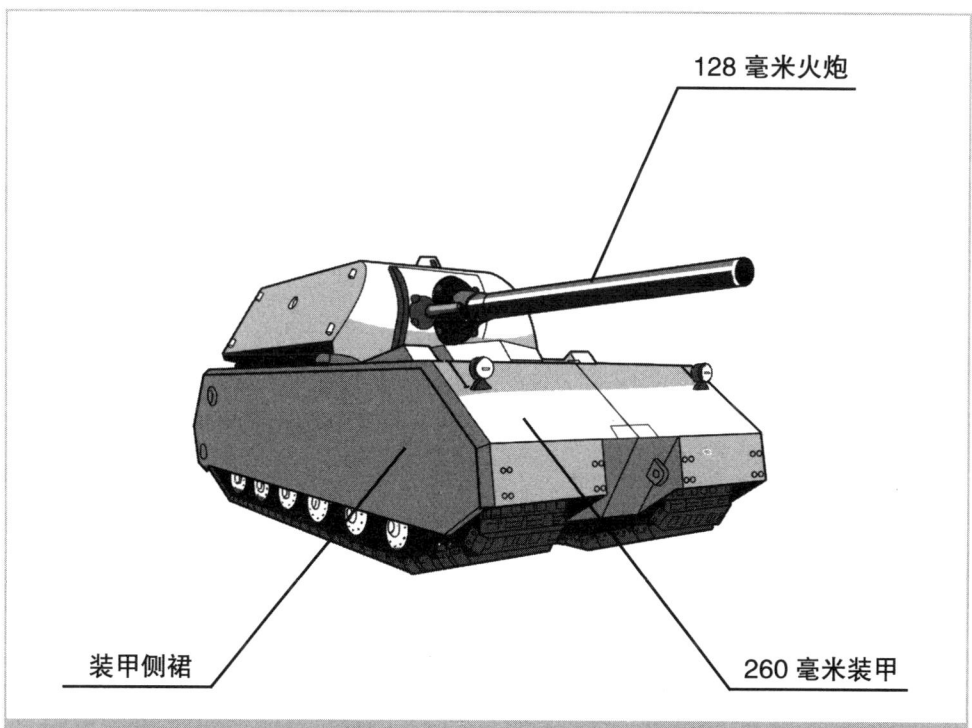

128毫米火炮

装甲侧裙

260毫米装甲

"鼠"式重型坦克在火力和装甲防护方面达到了极致,但它的动力严重不足,加上并没有能够供它在行进时使用的桥梁和道路,它显然是失败品

P-1000 超重型坦克

在研发"鼠"式重型坦克的同时，德国人还有一个更加疯狂的计划，计划开发一种重量达 1000 吨的超重型坦克。

德国当时的军事技术和力量已经达到了高峰，加上希特勒本人在开始的时候对这种研发超重型坦克的项目也很感到兴趣，他认为坦克越重大越有杀伤力，并没有考虑到很多实际问题，就批准由德国的克虏伯公司承担研发超重型坦克的工作。

这种新的超重型坦克取名为 P-1000 "巨鼠"。P-1000 计划长度为 35 米，宽为 14 米，高为 11 米。为了承受自身的重量，P-1000 每侧的履带有 3.6 米宽，由 3 条分别为 1.2 米宽的分履带组合而成。P-1000 设计的最高时速是 40 千米，其动力系统准备用 2 台型 24 缸的柴油发动机，输出动力可达到 17000 马力。

P-1000 可以装载很多武器，其中一种配置方案是 2 门 280 毫米主炮、2 门 128 毫米副炮、8 门 20 毫米高射机炮和 2 挺 15 毫米机枪。

虽然这个庞然大物并没有真的问世，但即便制造出来，前途也未可知。这个庞然大物很有可能会陷入沙地或泥地无法脱身，地势、经费、运输、重量大小、零件可靠性、机动性、驾驶技术、攻击力以及研发的技术等情况也没有考虑清楚。行动不方便，缺乏可以承托它们的桥梁，它们甚至会把公路压坏。P-1000 的体积太大，极其容易成为轰炸机的目标。更重要的是，一辆 P-1000 的建造成本相当于建造 80 辆"豹"式坦克，建造耗时更加难以估量。P-1000 的研发在 1943 年被军备和战时生产部长阿尔伯特·斯佩尔叫停，并未投入生产。

德国装甲部队的主力——"豹"式坦克

"豹"式坦克是二战中德国制造的中型坦克，它将火力、机动性能、防护能力有机结合，被评为在二战期间表现最出色的坦克。

P-1000超重型坦克的长度计划能达到惊人的35米,宽为14米,高为11米,体积约是"鼠"式重型坦克的10倍

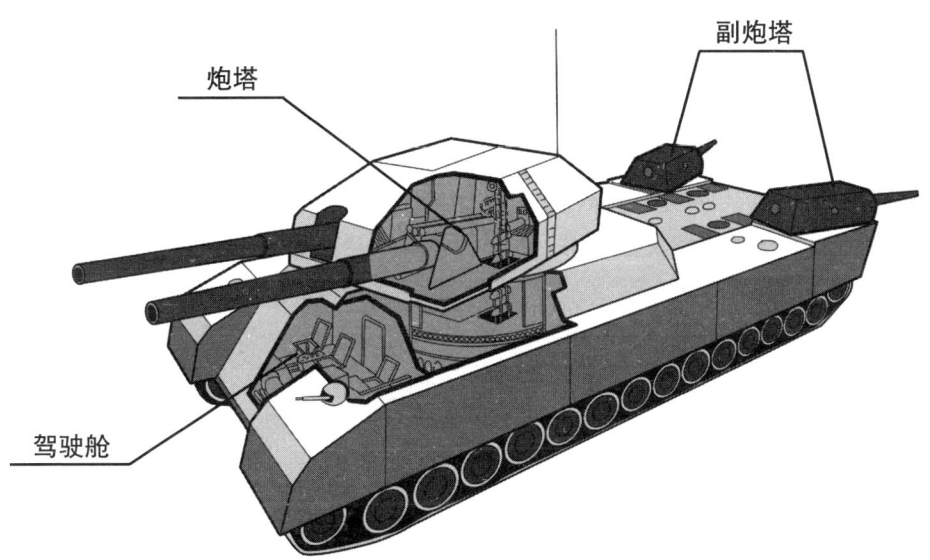

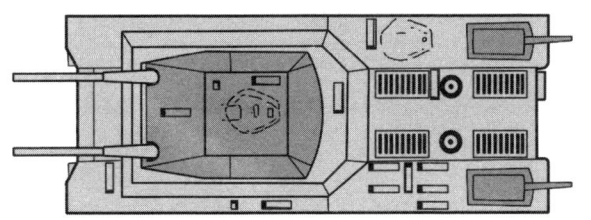

武器配置

前方为2门180毫米主炮,后方为2门128毫米副炮,另外,还有8门高射机炮,配置在车身顶部

013 P-1500 "巨人"超重型坦克

1942年12月，克虏伯公司提出建造一个重1500吨的坦克的设计方案，并取名为P-1500"巨人"超重型坦克。

从重量来说，P-1500是P-1000式坦克的1.5倍，也就是说，它的体形比"巨鼠"式更加庞大。想让这么一个庞然大物动起来并不容易，它的动力系统计划配置2台或者4台潜艇用柴油发动机，这些柴油发动机提供的动力能令它以10千米/时的速度前进。在P-1500出动前，必须提前检查道路情况，因为任何一个小失误都有可能使它侧翻。

P-1500的结构外形与普通坦克截然不同，它更像一门无需轨道的古斯塔夫巨炮。它所搭载的火炮就是与古斯塔夫巨炮相差无几的800毫米巨炮，最大射程为48千米，每小时只能发射两枚炮弹。低射速令它不可能被用来在前沿阵地对抗敌方坦克。然而，它的装甲有250毫米厚，如果它只是作为远程射击的非直瞄射击火力，这样的装甲厚度完全没有必要。P-1500还装备了2门150毫米榴弹炮，最大射程仅仅为13.25千米，因此，要让榴弹炮发挥作用，P-1500就必须要被部署在距前线不远的地方，在敌方中型火炮的射程之内。

即便它能躲过敌方的袭击，也很难持续作战。P-1500的每枚800毫米高爆榴弹长为3.5米，重为4.8吨，且每枚的发射药重为2.24吨，但P-1500本身并没有足够的弹药储存空间。古斯塔夫巨炮可以通过铁路运送炮弹，而P-1500必须要配备专用的特殊弹药运输车。

P-1500也面临了P-1000所面临的所有问题，但由于它的体积和重量都更大，这些问题就更为严重。对P-1500的研究作为一项工程，是一次惊人的尝试，但它的不实用性注定了它永远不可能变为实际的武器。

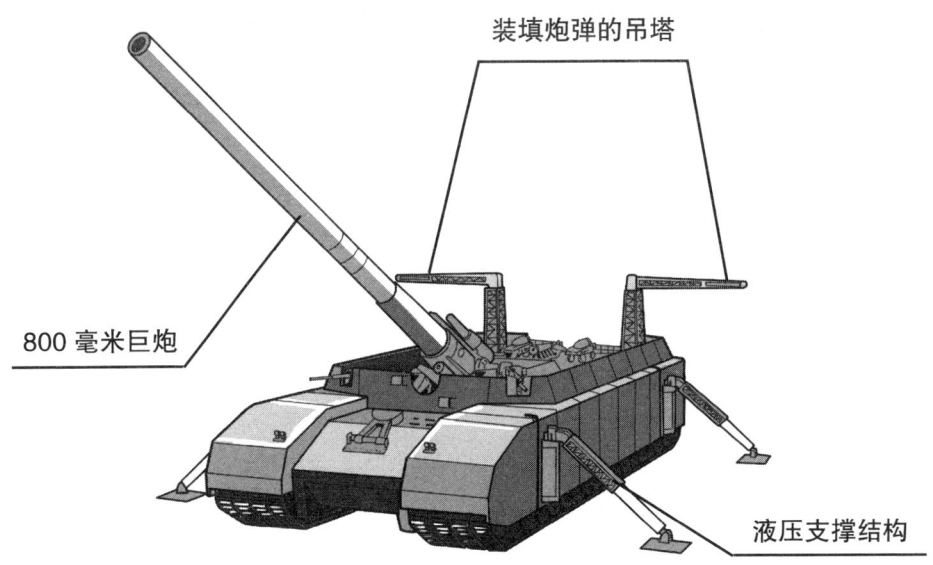

装填炮弹的吊塔

800毫米巨炮

液压支撑结构

P-1500的炮弹长度达到了3.5米，大约是一个成年人身高的2倍

缺陷
缺乏供其行驶的道路
动力不足
发射速度缓慢
弹药补给困难

KT-40 "飞行坦克"

坦克被称为"陆战之王",但在二战中各种新式坦克层出不穷,甚至出现了一种能够跨越千山万水的"飞行坦克"。

早在 20 世纪 30 年代初,苏联就率先组建了世界上第一支空降部队。在取得了丰富的空降经验后,苏联开始试验空降轻型装甲车。他们把装甲车像炸弹一样挂装在重型轰炸机的炸弹仓内,在低空、低速飞行状态下对轻型装甲车实施空投。尽管被空投的装甲车落地后多半严重受损,但苏联却歪打正着地发现挂装装甲车的轰炸机的整体阻力较小,飞行性能稳定。受此启发,苏联军方希望装备一种具有飞机外形、能在空中滑翔的"飞行坦克"。

1940 年,基于 T-60 轻型坦克改装的第一辆样车完成,定型为 KT-40 "飞行坦克"(KT 是俄语"有机翼坦克"的缩写)。

KT-40 "飞行坦克"在空中滑翔时的操控方式极为特殊,即炮管转向后方,与机翼、副翼以及尾翼方的方向舵相连,通过炮塔的转动控制方向舵,炮管的上下摆动控制副翼。KT-40 "飞行坦克"像滑翔机一样由牵引机牵引到目标上空后松开牵引索,滑翔着陆。着陆前,KT-40 "飞行坦克"的发动机将驱动履带高速转动,以便安全地接触地面;着陆后,车组成员拆除机翼和机尾,使 KT-40 "飞行坦克"恢复 T-60 轻型坦克的本来面目,并迅速投入地面战斗。苏联军方虽然成功地试飞了一个同比例木制模型,但毕竟样车的重量远远大于木制模型,在实际操作中,样车始终无法飞离地面。此后,KT-40 "飞行坦克"的研制工作被画上句号。

KT-40 "飞行坦克"的想法虽然极具创意,但是坦克的外形结构不符合空气动力学原理,注定是不可能成功的。

什么是滑翔机?

滑翔机是一种没有动力装置的固定翼航空器。它可以由飞机拖曳起飞,也可用绞盘车或汽车牵引起飞,还可从高处的斜坡上下滑到空中。起飞后仅依靠空气作用于其升力面上的反作用力进行自由飞行。KT-40 "飞行坦克"的设想正是利用了滑翔机的原理。

KT-40"飞行坦克"在当时最大的积极作用就是实现了装甲车辆的空降

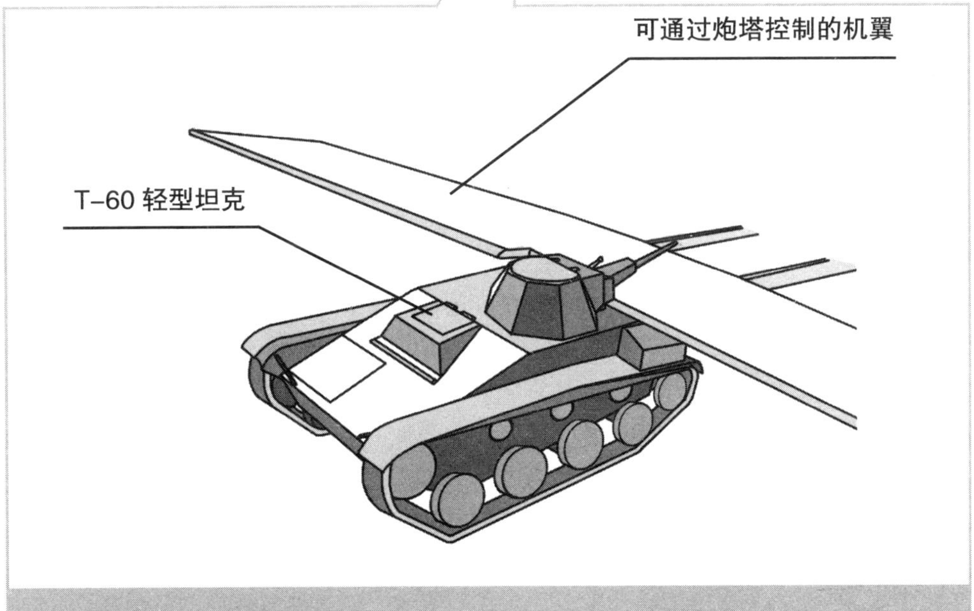

可通过炮塔控制的机翼

T-60轻型坦克

飞抵目的地后,需要人工拆除机翼,恢复T-60轻型坦克的本来面目

31

"加温-T"型坦克

"加温-T"型坦克并不是战斗车辆，而是苏联在20世纪50年代发明的一种扫雷坦克。从外表来看，"加温-T"型坦克就像是在坦克底盘上装了一个巨大的"吹风筒"。

这个"吹风筒"正是这种坦克最特别的地方，它是一种喷气引擎探测装置。所谓的喷气引擎探测装置其实是米格-15战斗机的喷气引擎，当引擎发动的时候，会从前端喷出猛烈的气流，利用气流的强大压力清除碎石和路面上的地雷。

这样说起来，似乎"加温-T"型坦克是一种很实用的装备，实则不然。由于是利用气流来达到扫雷的目的，其效果类似于风吹起灰尘，只不过威力更大，达到了吹起碎石和几千克重的地雷的效果。但这样也就带来了问题，"加温-T"型坦克只能清理暴露在地表表面的障碍。也就是说，如果敌方将地雷埋在地下，"加温-T"型坦克的气流产生的压力无任何施展的机会。

更不可思议的是，"加温-T"采用的是苏联当时的T-54坦克的底盘，而且没有经过任何防护改装，如果"加温-T"的探测装置无法清理掉路面下的地雷，那么当它行驶过去的时候，承受地雷爆炸威力的自然就是"脆弱"的车体。

另一方面，"加温-T"型坦克的喷气引擎探测装置需要的燃料比一般坦克所需要得多，无形中增加了后勤补给的压力。

扫雷坦克的种类有哪些？

扫雷坦克上的扫雷器种类很多，有挖掘式扫雷器、滚压式扫雷器、打击式扫雷器、爆破式扫雷器等。挖掘式扫雷器，像耕地用的犁，把埋设在地下的地雷，翻出地面，推向扫雷坦克两侧，便于清除；滚压式扫雷器，工作时像压路机在滚动，由扫雷坦克拖着，边开边滚，利用巨大的压力，压爆埋设在地下的地雷，清除地雷；打击式扫雷器，利用构造特殊的钢索或链杆，对地面进行打击，引爆埋设在地下的地雷；爆破式扫雷器，利用炸药爆炸，引爆埋设在地下的地雷。

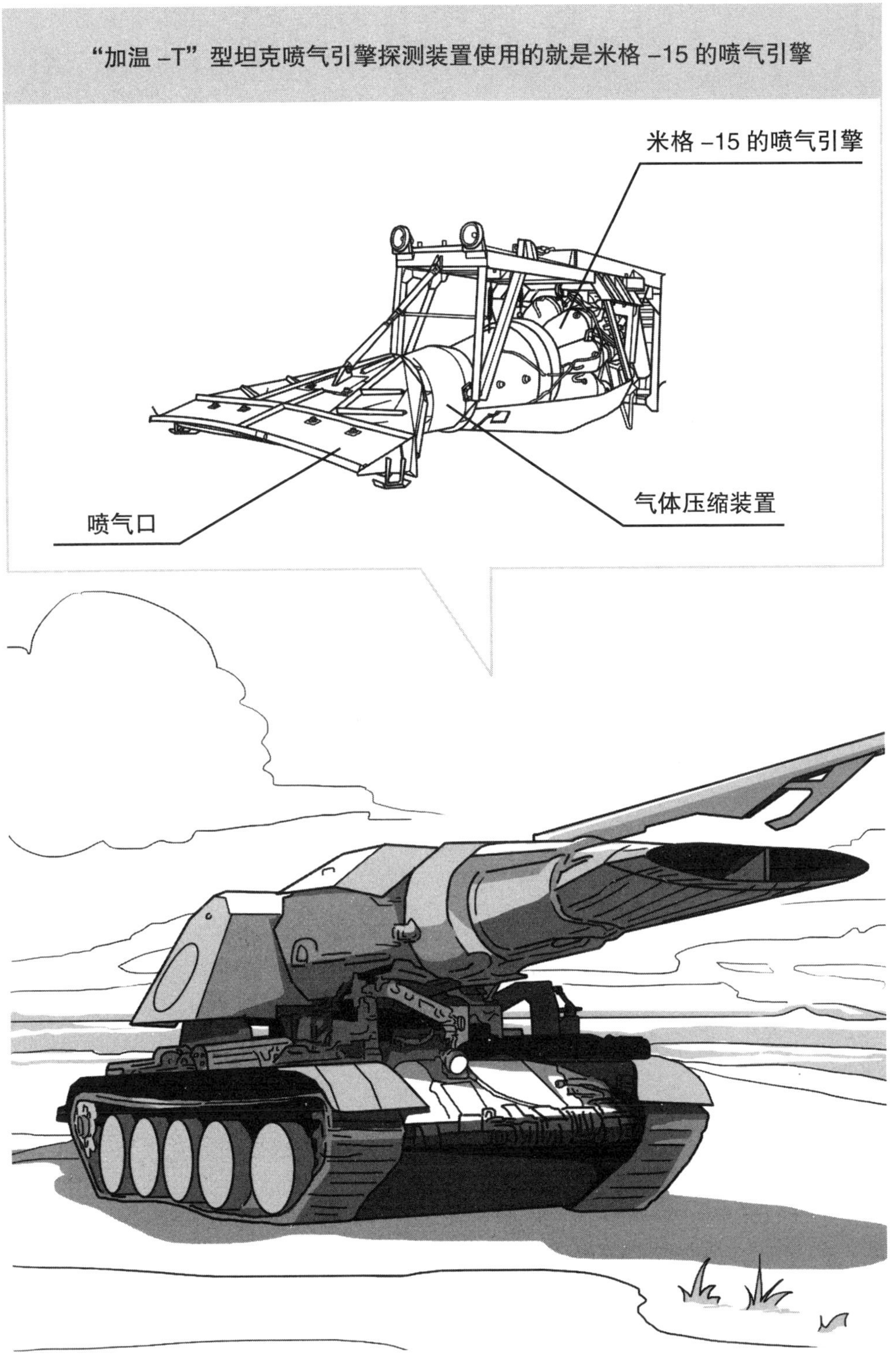

"加温-T"型坦克喷气引擎探测装置使用的就是米格-15的喷气引擎

米格-15的喷气引擎

喷气口

气体压缩装置

TV-8 核动力坦克

20世纪50年代，美国克莱斯勒公司提出了一个非比寻常的独特方案，这个方案就是TV-8核动力坦克计划。这个坦克方案令人惊奇之处在于它把乘员组、武器、动力系统全部安置在一个豆荚形的炮塔里，炮塔下面是一个轻型底盘。该坦克的总重量大概是25吨，其中，炮塔重15吨，底盘重10吨，这两部分可以分开进行空运。它的武器系统包括炮塔上一门90毫米T208滑膛炮，后面装着一套液压撞锤。90毫米炮弹存放在炮塔后部，通过钢制隔断与乘员组分开。该坦克的辅助武器包括两挺.30口径同轴机枪和一挺炮塔顶上可以遥控的.50口径机枪（由车长控制）。车内装备了采用一套闭路电视系统来保护乘员身体不受战术核武器爆炸时闪光的损害，同时，也是用来扩展车内的视野。

该坦克最大的特点就是采用了一个蒸气循环的微型核反应堆。核燃料舱被安置在车体内，与炮塔中的乘员组分割开。在装甲防护的炮塔内提供了4个乘员的空间。

由于这个重装甲炮塔被一层轻型壳体包围，所以车体看起来像个豆荚一样，水密闭性良好，可以浮渡。坦克在水中行进时，利用炮塔底部的一个喷水泵来推进。炮塔的防护层用来抵御聚能装药弹的攻击，以保护炮塔内层。车体顶上有一个环内旋转的部件支持着炮塔的回旋，而坦克的俯仰动作则是由两部大型液压缸来控制。

可惜的是，TV-8核动力坦克最大的缺陷来源于它的特点，由于坦克体积的关系，其防辐射措施不可能很完备。从动力方面来说，它有条件实现无限续航，但为了避免乘员受辐射伤害过度，大概两小时就需要换一次人！从某种意义上讲，TV-8核动力坦克属于又一种先进却并不实用的武器。

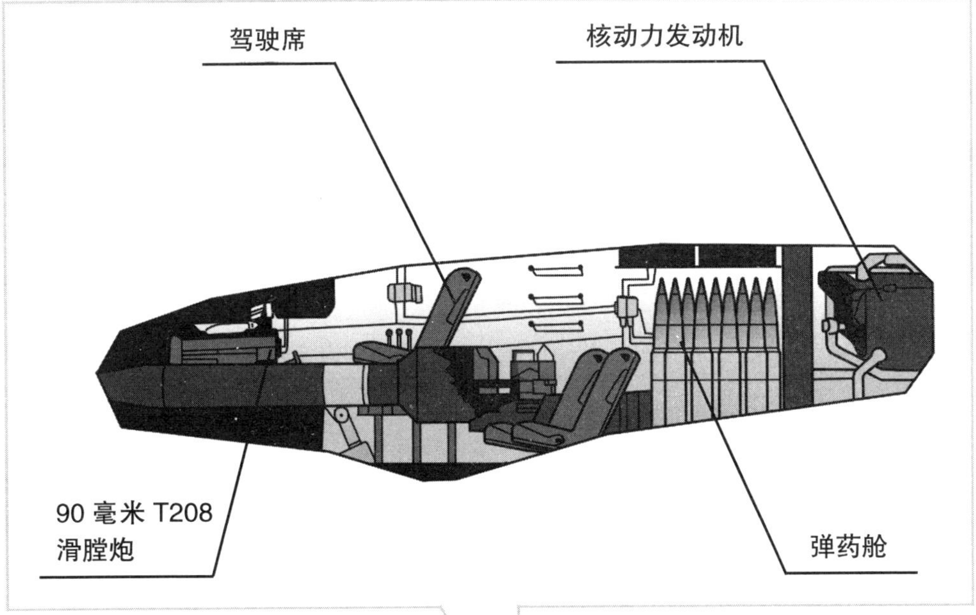

驾驶席　　　　核动力发动机

90毫米T208滑膛炮　　　　弹药舱

TV-8核动力坦克水密闭性良好，它不仅可以在陆地上行驶，还能自行浮渡，在水中行进时，是借助车尾的喷水泵来行进

1K-17 型激光坦克

20 世纪 70 年代，冷战进入白热化阶段，苏美双方开始了各自的疯狂计划，他们试图制造太空武器和激光武器。苏联的军工研究部门曾研制了一种激光坦克，称为 1K-17 型激光坦克。

研制 1K-17 型激光坦克的总设计师是苏联激光研究专家尼古拉耶·乌斯季诺夫，他的父亲就是当时任苏联国防部长的德米特里·乌斯季诺夫。当时，此项研究对外是高度保密的，所以西方国家只能猜测，甚至一度以为 1K-17 型激光坦克能够攻击太空目标。为此，西方情报系统高度重视收集 1K-17 型激光坦克的情报，最终，美国情报机构获得了它的照片，并呈报到对此极感兴趣的美国国防部。

这时他们才发现，原本的猜测都是错的，1K-17 型激光坦克虽然是一种技术先进的激光武器，但是并不能直接用于摧毁敌方的设备，而是专门用来对付敌方飞行员的武器。通过强光照射，令敌方飞行员失明或干扰敌机的电子设备令其失去作战能力。也许这种武器在较近距离上还能起到效果，但对于能够超视距作战的新一代战斗机而言，显然并没有什么用。

随着苏联的解体，苏联的许多新式武器的研发计划被终止，研发人员也各奔东西，尼古拉耶·乌斯季诺夫的激光武器命运也一样，从此再无人提起。

2010 年，在俄罗斯举行的武器技术博物馆的展览上 1K-17 型激光坦克突然露面，引起了轰动。虽然它的实用性比较受局限，但却使人们了解到当年苏联在科学和工程技术方面所取得的重大成果，也为未来激光武器的发展方向提供了一定帮助。

游戏中的光棱坦克

在电脑游戏《红色警戒》中，盟军有一种特殊的武器——光棱坦克。这款坦克的设计灵感正是源于 1K-17 型激光坦克。它是利用棱镜反射技术制造出具有棱镜反射光束的坦克，可以说是一座会移动的激光塔。

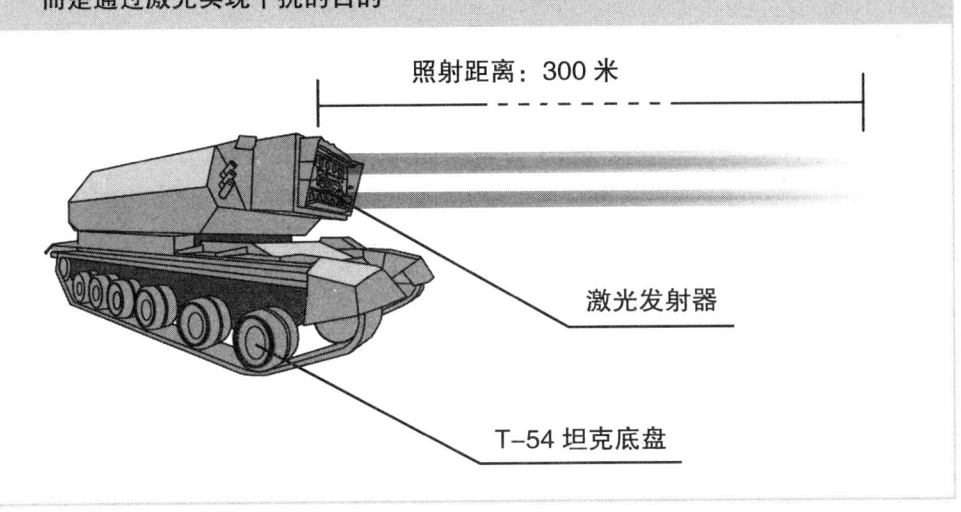

1K-17型激光坦克并非像在科幻电影中那样能够直接使用激光进行攻击,而是通过激光实现干扰的目的

照射距离:300米

激光发射器

T-54坦克底盘

专题：坦克的三要素

虽然历史上出现了许多种拥有超强火力、超厚装甲的坦克，但这些坦克却不被认作是优秀的坦克。那么，究竟怎样的坦克才算优秀？

对坦克优劣性的评价，二战时期的德国名将古德里安提出将"机动性、火力、防御性"作为衡量坦克性能的标准，这一概念也就是现在所说的"坦克三要素"。

一般来说，坦克的机动性主要表现在坦克的速度和越野能力上。虽然速度、越野能力等机动性能似乎对坦克作战没有太大影响，但是就战场而言，若能够领先敌人一步，可能就会获得更好的战机并最终赢得战斗的胜利。

坦克火力的强弱主要取决于坦克的观瞄系统、火炮威力和弹药的威力。现代坦克一般采用先进的计算机、红外、微光、夜视、热成像等设备对目标进行观察、瞄准和射击。坦克炮可以发射穿甲、破甲、碎甲和榴弹等多种类型的炮弹，还可发射炮射导弹。不同类型的穿甲弹对目标的破坏程度有所不同，一般的穿甲弹可以在2000米距离上穿透400毫米厚的装甲，在1000米距离上可穿透660毫米厚的装甲，破甲厚度可达700毫米。除具有较大的破坏威力外，坦克炮的命中精度也很高，2000米原地对固定目标射击命中率可达80%以上，1500米行进间对活动目标射击命中率能达到60%以上。如果再配合使用激光半主动制导炮弹，命中率还会大大提高。

坦克的防御则主要依靠坦克的外部装甲，装甲的厚度、材质、形状等均会对坦克的防护能力产生影响。

在历史上，曾出现过不少过分强调防御性和火力的重型、超重型坦克，但由于这些坦克并不符合坦克三要素，在实际使用中都出现了问题，并不能算作是优秀的坦克。

第三章
超级飞机

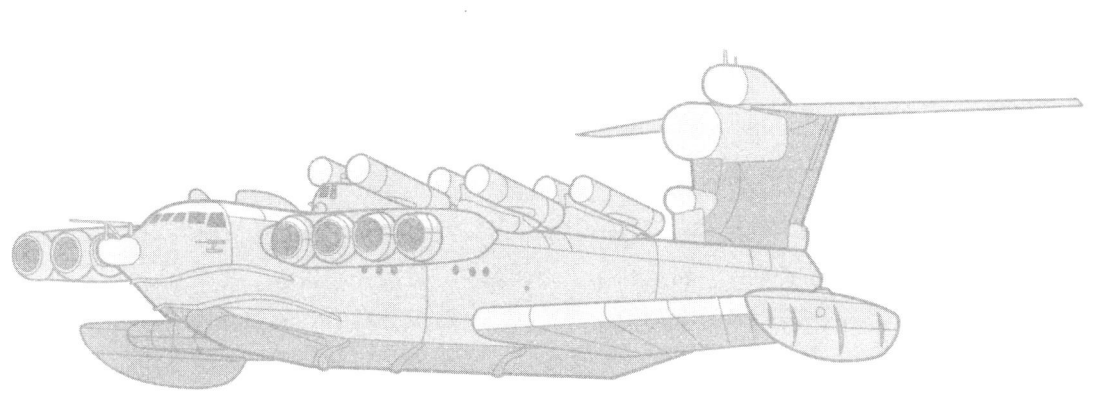

Fw 61

Fw 61通常被认为是世界上第一款直升机,它诞生于1936年。和现代直升机不同,Fw61是以当时德国福克公司的Fw 44教练机改装而来的,机身和发动机都直接沿用Fw 44,因此,外形看上去就像是装着旋翼的固定翼飞机。

福克公司共制造了2架原型机:V1和V2。首架原型机V1于1936年6月26日完成首飞,由福克公司的资深试飞员艾瓦德·洛夫斯完成试飞。福克公司坚持谨慎态度,只让洛夫斯只能"飞行"一小会儿,然后他要对各个细节进行记录并做出修正。在这不到一分钟的时间里,无论起飞、降落、盘旋,还是全速飞行,V1型都表现出了很好的稳定性,试飞员表示"操控感极佳"。

在首飞后,福克公司根据飞行中暴露出的一些问题,对原型机进行了细致的改进工作。1937年春,第二架原型机V2完成首飞。1937年5月10日,洛夫斯经历了一次戏剧性的试飞。当他驾驶着V2爬升到344米高度时,发动机在突然空中熄火,仅仅凭借着两具旋翼的惯性转动,洛夫斯努力控制着直升机直到它平安降落。这一事件证明了旋翼机确有其独到之处,如果是固定翼飞机在空中熄火,早就坠毁了。

随着二战的爆发,德国的航空部门认为Fw 61并不具备作为战斗用飞机的能力,其最大的价值仅仅是用于进行宣传,于是,取消了对Fw 61直升机的研制计划。

虽然如此,但Fw 61对现代直升机的发展产生了深远影响,将直升机投入军用也称为日后直升机研制的重要目标之一。

达·芬奇的"直升机"

在1483年至1486年期间,达·芬奇绘制了一幅飞行器草图。在达·芬奇的设想中,这是一种依靠飞行员自身提供动力来驱动的飞行器。这位天才称自己的设计为"扑翼飞机",达·芬奇希望自己的飞机同时具备了推动力和提升力。直到今天,人们还将达·芬奇的设计视为直升机的先祖。

Fw 61

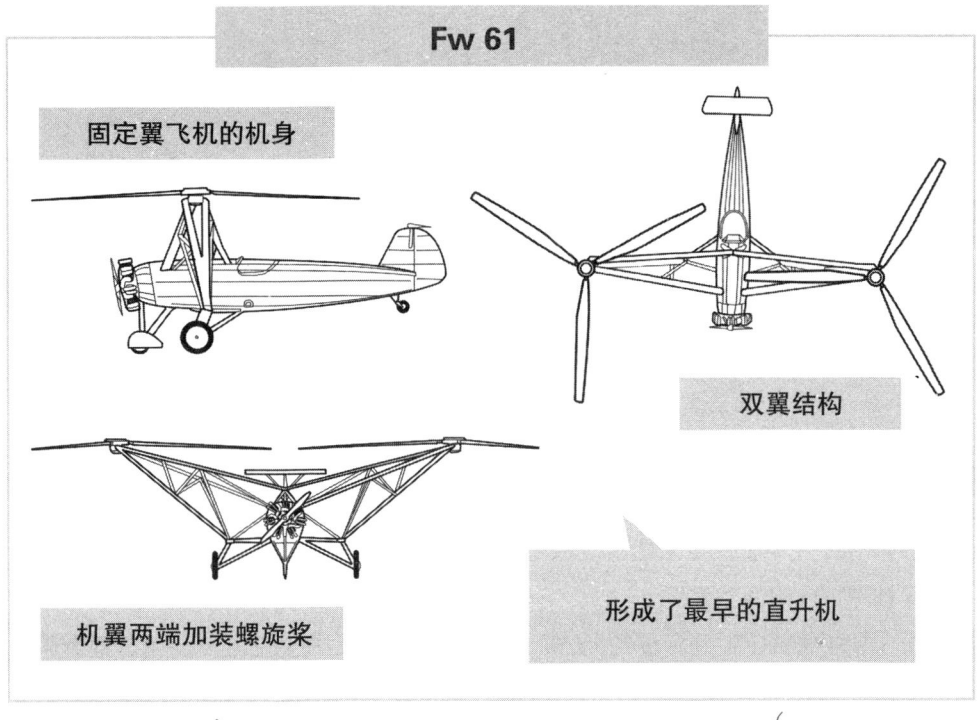

- 固定翼飞机的机身
- 双翼结构
- 机翼两端加装螺旋桨
- 形成了最早的直升机

最早的直升机——Fw61

主旋翼直径：11.58 米　　升限：1524 米

最大起飞重量：1152 千克　　航程：320 千米

飞行速度：109 千米/时

VS-300 直升机

Fw 61 直升机虽然问世更早，但其使用性能并不好，在 Fw 61 诞生 3 年后，位于大西洋彼岸的美国也研制出了直升机——VS-300。VS-300 的发明者是美籍俄国人西科斯基，他是当时著名的飞机设计师，他最出名的作品就是设计制造了世界上第一架四发大型轰炸机和世界上第一架实用的 VS-300 直升机。

VS-300 是一架单旋翼带尾桨式直升机，装有三片桨叶的主旋翼，主旋翼直径 8.5 米，尾部装有两片桨叶的尾桨。这种单旋翼带尾桨式直升机构型成为现在最常见的直升机构型。

1940 年，美军就决定采用其改进型 VS-316 作为军用机型，编号 R-4，这是世界上最早被军方使用的直升机。

R-4 是双座机，主旋翼直径 11.58 米，使用 1 台 185 马力活塞发动机，最大起飞重量 1152 千克，巡航速度为 109 千米/时，航程为 320 千米，升限为 1524 米。它能垂直起降、悬停、前飞、后飞、侧飞以及无动力自转下降等，完全具备了现代直升机的飞行特点。第一架 R-4 于 1942 年 5 月交付美国陆军使用，以后，西科斯基在 R-4 的基础上，又研制了 R-5 型和 R-6 型直升机，且性能更为完善。

R-4 在二战中主要被派往缅甸，担任美军驻缅甸指挥官的观察机。之后，美军大量使用 R-4，并广泛执行运输、救护等任务。

虽然 R-4 开创了直升机被用于军用的先河，但在当时来说，R-4 直升机的适用范围非常小，并不能起到至关重要的作用。

西科斯基与直升机

西科斯基是世界著名飞机设计师及航空制造创始人之一。他从小就沉迷于航空事业，尤其对达芬奇所设想的直升机和从中国传来的竹蜻蜓特别感兴趣，在有幸目睹了莱特兄弟的飞行表演后，更加坚定了自己动手制造这种"会飞的机器"的决心。1909 年，他开始研制直升机。1939 年 9 月 14 日，西科斯基设计完成的第一架直升机实现了空中悬停。

VS-300 直升机

主旋翼直径：8.5 米

全长：8.53 米

机高：3.05 米

飞行速度：100 千米/时

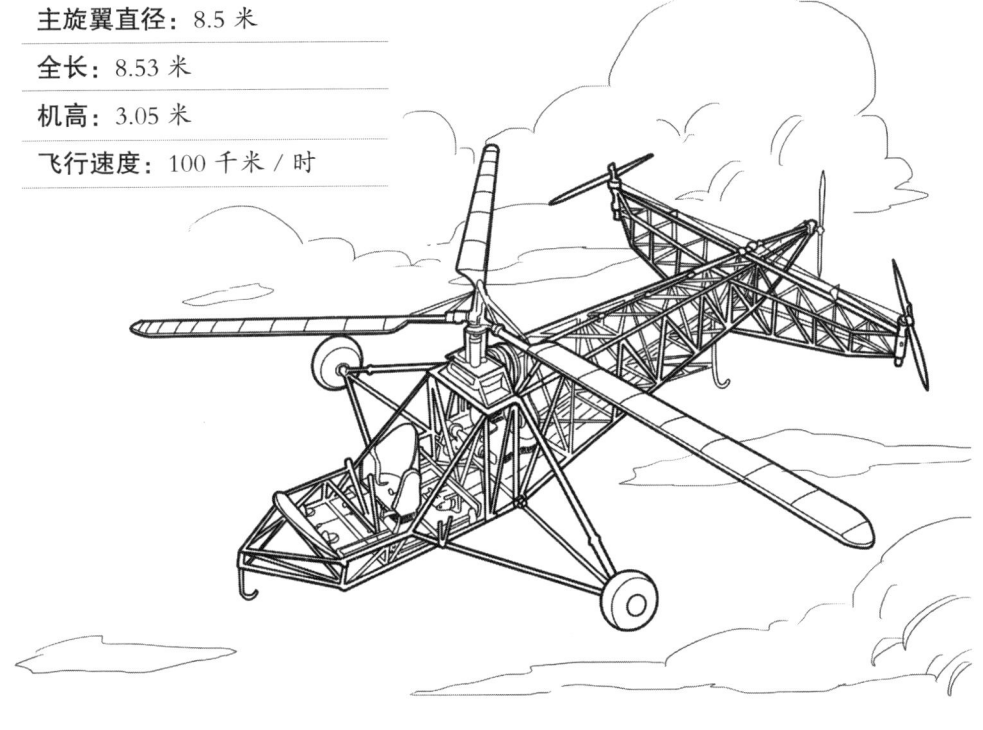

R-4 直升机

主旋翼直径：11.58 米

全长：10.8 米

机高：3.78 米

最大起飞重量：1152 千克

最大速度：131 千米/时

N-1M

诺斯洛普公司是美国主要的飞机制造商之一，该公司最著名的产品就是B-2轰炸机，这是当今世界上唯一一款隐形战略轰炸机。B-2轰炸机采用了飞翼设计，整个机身都可以看作是机翼，没有尾翼。如此特殊的设计令世人怀疑美国人是不是得到了来自外太空的先进科技。事实又是怎样呢？

诺斯洛普公司的创始人是美国著名飞机设计师约翰·诺期洛普，由他领导的公司一直走在"简洁"飞机设计的前列。早在1939年，他主持设计的飞机去掉了机身和尾翼，"简洁"到只有机翼，这是一个翼展超过21米、机翼最大厚度1.8米的飞翼方案，飞机被命名为N-1M，计划的用途是作为运输机、远程侦察机或者轰炸机。诺斯洛普希望通过N-1M让美国军方认识到飞翼的价值。

1940年7月3日，N-1M进行了第一次试飞，相继飞行超过了200次。以后换成福兰克林120马力的发动机，最大飞行速度达到了360千米/时。

1941年6月，诺斯洛普公司提出了一种新型洲际飞翼轰炸机方案，当时美国军方对这一方案颇感兴趣，并拨款31万美元用于前期研发。之后，诺斯洛普公司推出了N-1M的改进型——N-9M，不久后，又研制出XB-35轰炸机，但这些计划并不顺利，也没有得到美国军方的重视。

诺斯洛普设计的数量众多的飞翼布局飞行器都没有投入实用，大部分设计由于太过超前而被行业认为没有实用性。直到1988年B-2首飞，才证明诺斯洛普的设计是多么富有远见。

> **"隐身幽灵"——B-2**
>
> B-2是世界上最早研制成功，也是目前唯一正在服役的隐形战略轰炸机。它是个庞然大物：机身前后长21米，宽52.4米，摆放它要占到半个足球场的面积；别看它形状扁平，但它的高度也能达到5.18米，相当于三层楼的高度。除了载弹量大和航程远之外，B-2最大的优势是"隐身"。和大多数军用飞机看起来不一样，B-2隐形战略轰炸机的机翼和机身融为一体，它的整个机身就是一个巨大、扁平的三角形飞翼。

什么是飞翼？

飞翼是去掉飞机机身和尾翼的无尾飞机。不言而喻，这种飞机可大大减轻重量，降低阻力，节省制造费用，并且加上其惯性低，还增加了飞行的机动性。在大飞翼飞机宽敞的机翼内，还可载客、装备货舱和各种设备

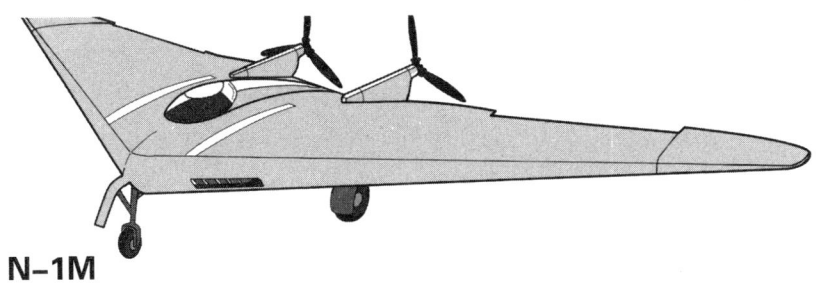

N-1M

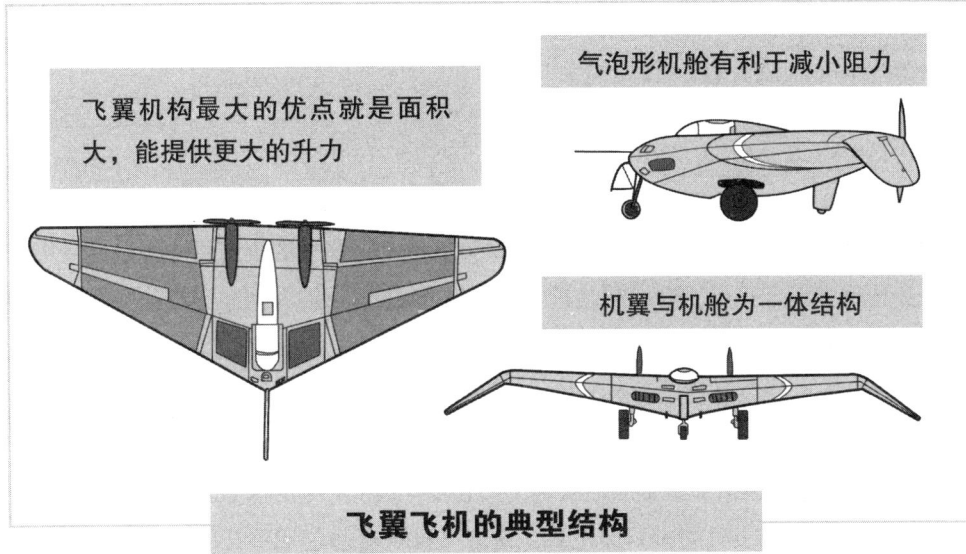

飞翼机构最大的优点就是面积大，能提供更大的升力

气泡形机舱有利于减小阻力

机翼与机舱为一体结构

飞翼飞机的典型结构

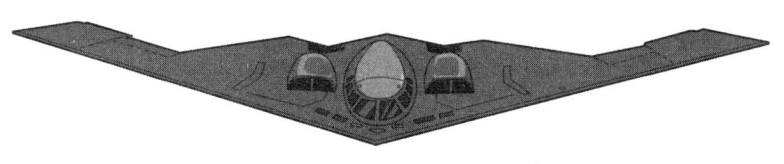

B-2 轰炸机是当今飞翼飞机的典型代表，它是目前世界上唯一正在服役的隐形战略轰炸机

021 XP-79B "飞槌"

XP-79B "飞槌"是一种喷气动力的飞翼飞机,由美国诺斯洛普公司研制。诺斯洛普在飞翼方面取得的成就令美国军方相信他有能力建造一种能达到音速的战斗机,而此时美国军方已经获悉德国正在研制可能达到音速的火箭动力飞机。

随后,诺斯洛普与军方签订了合同,开始进行火箭动力飞机的研制,当时的型号被定为XP-79。诺斯洛普和他的首席空气动力学家威廉·希尔斯博士将飞机设计成纯粹的飞翼,没有任何垂直翼面。相关计算显示,若想在高速飞行时保持稳定就需要增加垂直尾翼,这引起了一场争论,最后,希尔斯不情愿地同意加上一个钢丝张紧的垂直翼面,但他的条件是一旦试飞结果显示没有必要增加这个垂直翼面,可以把它锯掉。可惜的是,这个看起来完全是多余的东西在后来的试验中一直被保留了下来。

1943年1月,诺斯洛普获得了制造三架XP-79原型机的合同,该机型使用XCALR-2000A-1火箭发动机,起飞时还需要"喷射辅助起飞包"的帮助,它包括两个1000磅推力的火箭助推器,起飞后就抛掉。但是,预期的火箭发动机进度一再拖延,并且很难满足飞机滞空时间超过30分钟的要求,火箭和两架火箭动力原型机的订单最终被取消。不过,陆军同意订购第三架原型机,该机型需安装2台喷气发动机,使用喷气发动机的型号被定为XP-79B。

XP-79B最令人惊讶的地方是它的攻击方式,据飞行员回忆,撞击确实是XP-79B的主要任务,用诺斯洛普的话来说,"它是作为一种射弹来设计的,其想法是可以用它来撞掉其他飞机的机翼或尾翼。这架飞机将会通过切掉其他飞机的部件来摧毁敌机,而不是通过射击"

| 从最初的火箭动力飞机到后来的喷气式动力飞机 | 诺斯洛普公司最为擅长的飞翼结构 | 不搭载武器,而是直接通过撞击的方式摧毁敌机 |

成就了极具现代化外形的 XP-79B "飞槌",甚至让人很难相信这是一架建造于 20 世纪 40 年代的飞机

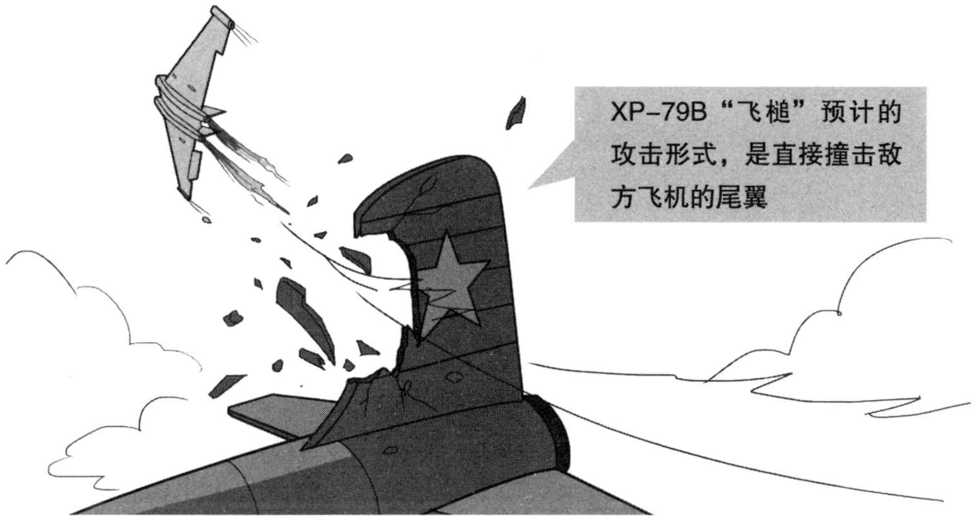

XP-79B "飞槌"预计的攻击形式,是直接撞击敌方飞机的尾翼

47

MXY-7 樱花特别攻击机

MXY-7 樱花特别攻击机是二战时期日本第一海军航空技术厂专为神风特攻队而设计的特别攻击机。虽然名为攻击机，但实际上，这是一种由人操纵进行自杀攻击用的空地导弹。

之所以称它为"有人操纵的导弹"，是因为它有着非常独特的结构。与飞机不同，樱花特别攻击机分为前、后两部分，前半部分是一枚重 1.2 吨的强力 TNT 弹头，后半部分为木制机身，尾端有火箭发动机。攻击目标时，樱花特别攻击机必须与目标同归于尽。樱花特别攻击机的舱门从里面不能打开，飞行员无法逃生，加上樱花特别攻击机没有起落架，所以即使要放弃进攻，如在它未到达目标前，目标已被其他战友摧毁的情况，飞行员也无法将它驶回基地并降落在跑道上。

日本一共生产了 850 架樱花特别攻击机，其中，大部分为 11 型，少量为 22 型。

11 型樱花特别攻击机能高速飞行，最高平飞速度可达 630 千米/时，而向下俯冲时可以达到 1040 千米/时的速度，从理论上讲，没有炮火能阻止它。但 11 型航程很短，仅为 36 千米。它需要由一架负载极重并飞行缓慢的母机带领至离目标 36 千米的距离才能发射，但母机很难躲避对方战机的攻击。

22 型特别攻击机主要是针对 11 型特别攻击机航程太短的弱点而进行改进，在引擎方面，22 型特别攻击机改用津-11 型热喷射引擎。引擎测试成功后，第一海军航空技术厂生产了 50 架能配备这种引擎的 22 型特别攻击机。不过，它的机翼面积需要改小，弹头的重量也需要减轻一半。

日本的特别攻击队

特别攻击队是二战末期日军在中途岛海战失败后，为了对抗美国海军强大势力，挽救其战败的局面，利用日本人的武士道精神，按照"一人、一机、一弹换一舰"的要求，对美国海军舰艇编队、登陆部队及固定的集群目标实施的自杀式袭击的特别攻击队。日军这种行为广泛地用于二战后期的战场上，皆因日本的兵力、武器装备、补给物资均逊于盟军，日军利用自杀式袭击，力求以最少资源获取最大的破坏力。

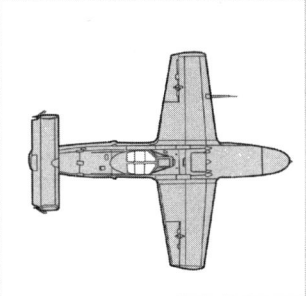

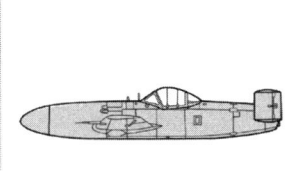

| 为了节约成本，机身大部分都选择了木制材料 | 飞行员进入座舱后，无法从内打开，只能与飞机同归于尽 | 机身前半部分是一枚重1.2吨的TNT弹头 |

实质上，这是一种由人操纵进行自杀式攻击用的空地导弹

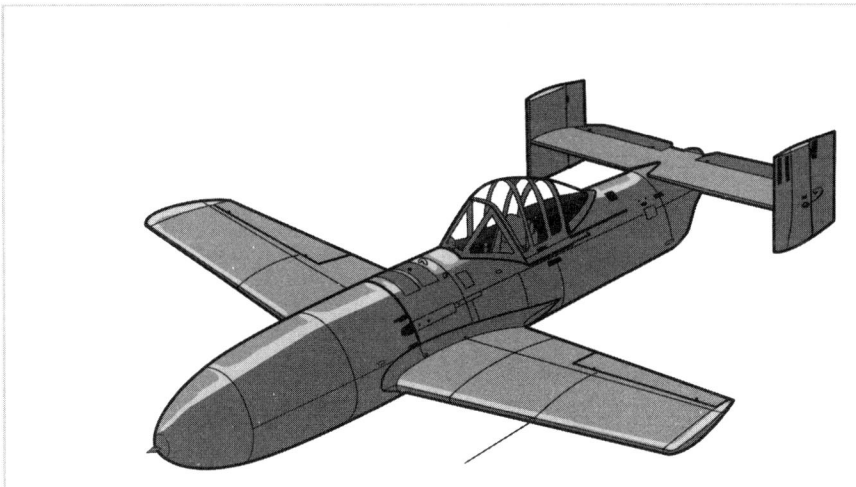

MXY-7樱花特别攻击机也被称为"樱花导弹"

容克 Ju.287 V1 轰炸机

1943年，德国容克公司受命研制一种能够超越盟军战斗机的重型轰炸机。设计小组首次提出的设计方案是涡轮喷气发动机和后掠翼方案，这种方案在高速飞行中优势明显，但是，低速飞行时则有不易操纵的缺点。因此，设计小组提出：将后掠翼方案改为前掠翼方案，兼顾高速和低速飞行的需要。为了加快研制进度，第一架原型机Ju.287 V1机身采用He.177A的现成部件，机尾沿用Ju.388的机尾，主起落架沿用Ju.352的主起落架，前起落架取自被击落的美军B-24轰炸机，只有前掠翼是重新设计的。Ju.287 V1装有4台Jumo 004m型涡轮喷气发动机，其中，2台布置于前机身两侧，另外2台吊装在翼下。

前掠翼虽然高低速性能均表现优异，但是存在气动发散问题，即当速度和仰角达到一定数值时，很难保证飞机的稳定性。仰角越大，机翼的弯曲变形越大，直至结构被破坏。前掠翼对飞机机翼的结构和弹性变形有特殊要求。为此，在设计Ju.287 V1时对机翼结构进行了一些改进。

1944年8月16日，Ju.287 V1首次试飞，结果令人满意。可是，在接下来的试飞中，当速度达到650千米/时后，气动发散问题开始出现，飞机不自主地趋于俯冲状态。容克公司将机身前侧的发动机改为翼下悬挂，问题得到缓解，同时，增加增压座舱，使用4台Heinkel-Hirth 011A喷气发动机，每侧翼下挂2台，这就是第二种原型机——Ju.287 V2。

1945年，Ju.287设计小组被苏军俘虏，并将生产线上未装配好的Ju.287 V2带回苏联继续研究。1947年，Ju.287 V2在苏联试飞，被命名PP-2。

前掠翼设计是一个大胆且风险性极大的设计，所以只能在少数的高速战斗机上使用。Ju.287作为世界上第一种前掠翼喷气式轰炸机对后来航空事业发展起到了不可估量的作用，也为今后前掠翼飞机的设计提供了技术基础。

容克 Ju.287 V1 轰炸机

机身结构采用了大量现有飞机的部件，以便提高研制速度

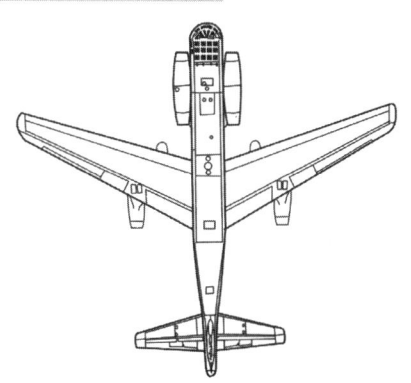

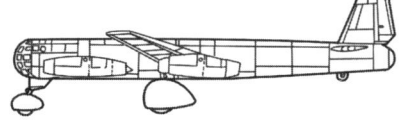

采用了罕见的前掠翼设计，能够兼顾高速和低速飞行的需要

作为世界上第一种前掠翼喷气式轰炸机，容克 Ju.287 V1 的历史在投入实用之前就已经宣告结束

Ho 229 战斗轰炸机

一战后，《凡尔赛条约》禁止德国进行军备与飞机的生产，但滑翔机不在禁止生产的范围内，德国政府随即成立滑翔机俱乐部。滑翔机的飞翼移除了飞机的许多结构，翼身融合的特点更能减小飞行时的阻力。德国的霍顿兄弟在此时研制出了霍顿 H.IV 飞机。

二战中期，德国空军元帅格林提出了一个新的轰炸机方案，方案要求轰炸机时速达到 1000 千米、能携带 1000 千克炸弹、航程达到 1000 千米，这就是 "3×1000 计划案"。

霍顿兄弟认为飞翼的低阻力设计可满足这一需求，降低阻力的结果是轰炸机可以在较低的巡航速度情况下完成所需的航程。他们随即提出 H.IX 设计案，并以此设计案为基础开发出符合要求的轰炸机。由于该轰炸机的最大时速明显优于盟军拦截机，德国航空部要求加装 2 挺 30 毫米机炮，目的是为了能让它担任战斗机的角色。

H.IX V1 是第一架原型机，于 1944 年 3 月 1 日进行试飞。试验证明飞机飞行品质完全满足技术设计要求。随后，德国空军开始进行有动力试验，即 H.IX V2。

1945 年春，H.IX V2 定型为 Ho 229，并开始在戈塔公司的工厂投产，同时，也进行了后续改进计划。1945 年 4 月 14 日，美军第 9 装甲师攻占戈达公司位于弗雷德里奇斯洛达的工厂。20 架还没有来得及完工的 Ho 229A 和它的最新改进型 H.IX V3、V4、V6 一起落入美国人手里。

Ho 229 是世界上第一款由喷气式发动机推进的飞翼机，它可以回避雷达的侦测，也就是俗称具备隐身技术的战机。

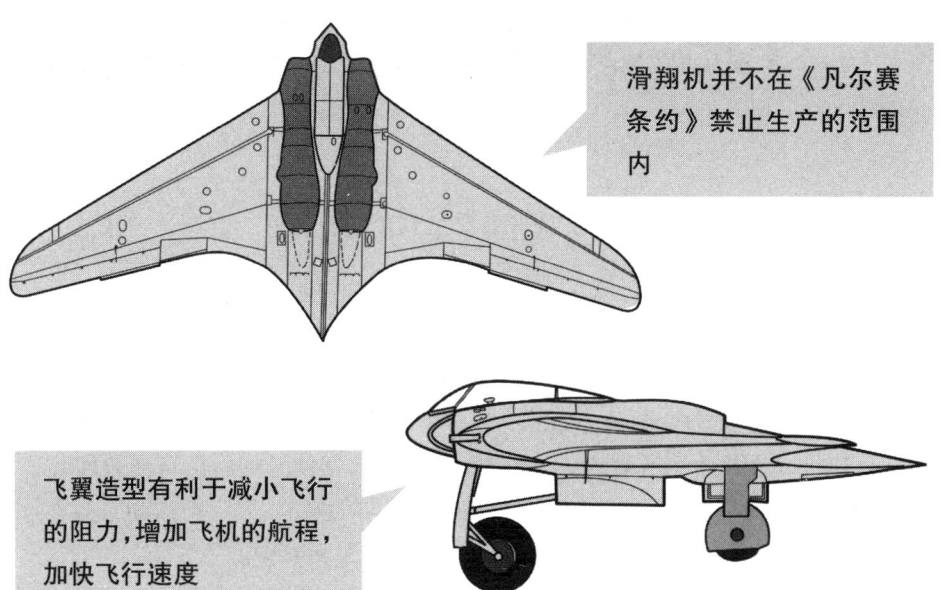

滑翔机并不在《凡尔赛条约》禁止生产的范围内

飞翼造型有利于减小飞行的阻力,增加飞机的航程,加快飞行速度

Ho 229 采用了飞翼结构,同时,运用到了能够回避雷达侦测的技术,为后来美国的 B-2 轰炸机等隐身飞机提供了一定的技术参考

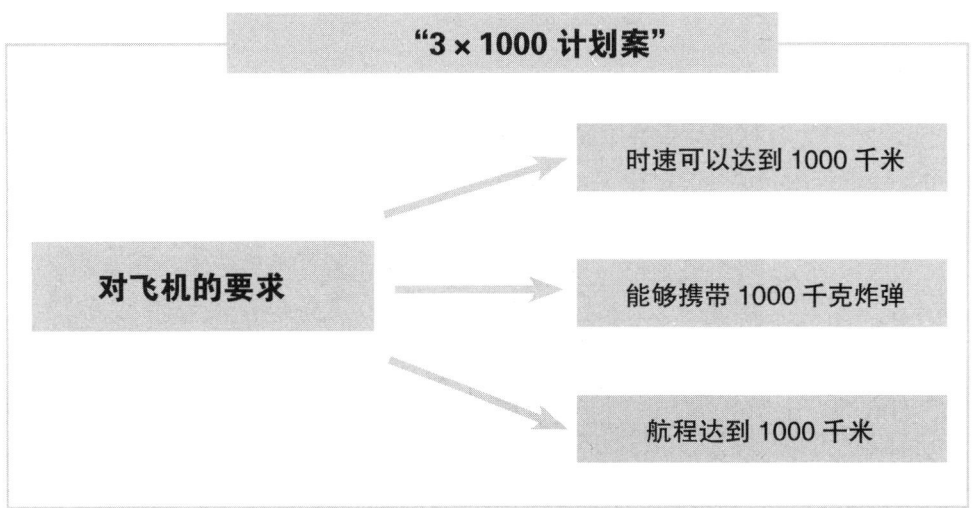

"3 × 1000 计划案"

对飞机的要求 → 时速可以达到 1000 千米

→ 能够携带 1000 千克炸弹

→ 航程达到 1000 千米

NB-36H 核动力试验机

自从人类能够利用核能之后，就开始尝试利用核动力这一资源，在武器方面，如核动力航母、核动力潜艇都属于核动力武器，甚至还曾出现过核动力飞机。

1951年，美国空军启动了"核子动力飞机"项目。这个项目中有一个X-6的子项目。X-6项目的设计目标是制造两架核动力试验机。测试项目开始于测试辐射防护，为此，对一架B-36进行了改装。这架飞机被称为核测试飞机（NTA），NTA是一架B-36H轰炸机，改装后编号被改为NB-36H。在远离驾驶舱的后机身弹舱加装了一个1000千瓦的气冷式核反应堆。这个反应堆在空中的确运行了一段时间，但是没有为飞机提供动力，它唯一的目标是研究辐射对于机载系统的影响。

1955年至1957年期间，NB-36H共完成了47次试飞。根据试验结果，人们终止了整个"核子动力飞机"项目，当然也包括X-6计划。这主要是因为洲际弹道导弹的快速发展取代了对远程轰炸机的需求。

作为冷战时期美国的对手，苏联图波列夫设计局在20世纪60年代使用图-119进行了相似的试验，这种飞机是由一架图-95式轰炸机加装一个核反应堆建造而成。

图-119于1961年5月首次升空，其核反应堆安装在弹仓位置，飞行时，它仍需借用常规动力。同年8月，改为正式使用核动力，动力由NK-14A型核动力涡桨发动机提供。

可惜的是，苏联在不久之后也停止了对这一型号的研究工作。

世界上最早的核动力发动机

1957年，美国空军和美国原子能委员会对劳伦斯放射学实验室有关将核反应堆放出的热加到冲压发动机上的设备的研究产生了兴趣，这个研究被命名为"冥王星计划"，最终该计划成功造出了2台在地面运转的发动机。1961年5月14日，世界上第一台核动力冲压发动机Tory-IIA被装在一个火车车厢上，可惜，它只咆哮了几秒钟后便用尽了寿命。

NB-36H 核动力试验机

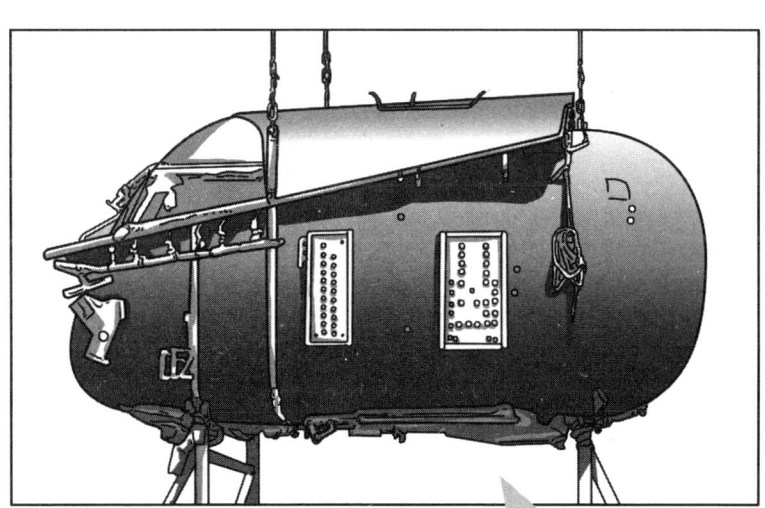

NB-36H 整个机头的驾驶舱被重 12 吨的铅和橡胶屏蔽层包裹

VJ-101垂直起降战斗机

二战期间，德国的机场都成为了盟军的重点打击目标，于是，德国的福克-沃尔夫公司开始设计一种能够垂直起降的飞机，希望可以在西欧森林里或利用被破坏的机场残存跑道进行起飞和降落，目的是降低战斗机对大型机场的依赖性，提高战斗机的战术灵活性。可是，尚未研制成功，二战就结束了。

在20世纪60年代的冷战高峰时期，身处冷战前沿的联邦德国因担心本国空军基地会在苏军的第一波进攻中就被摧毁，于是，秘密组织了军工企业研制能垂直起降的战斗机、攻击机，甚至是运输机，以期建立一支"无跑道空军"。经过一番努力，由海因克尔、梅塞施密特和波尔科三家企业联合打造的VJ-101垂直起降战斗机率先横空出世。

VJ-101起飞时，机身前部2台升力发动机全开，翼尖的可转向发动机短舱则垂直向下喷气，让机体腾空而起。升到一定高度后，发动机短舱转向水平方向，升力发动机关闭，依靠发动机短舱进行常规飞行。在1964年7月的一次试飞中，VJ-101的第一架原型机速度跨越了音障，这使VJ-101C成为历史上第一架超音速的垂直起降飞机。

随后，德国又制成了第二架原型机并进行了试验，主要测试该机的悬停，探索新的旋转垂直起降法。第二架原型机的起飞过程与第一架有所不同，它起飞时发动机短舱转至70°的位置，打开后燃器滑跑一段后才离地升空，在升至3米高度时，短舱慢慢改为过渡飞行，达到15米高度时进入水平飞行。前后两种原型机着陆的步骤正好相反。

紧接着，采用类似技术的VAK-191B攻击机和Do.31运输机也相继面市，一时间，联邦德国在垂直起降航空器领域居于世界前列，连美国也主动寻求合作。美国与德国签订了共同发展武器的备忘录，联邦德国和美国准备共同发展一种先进的垂直/短距起降的战斗机作为F-104G的后继机。但是，美国空军不久后就对垂直/短距起降飞机失去了兴趣，1971年6月，飞行试验被迫终止，这一计划也随之终结。

VJ-101C X2 被安装在测试架上进行发动机测试

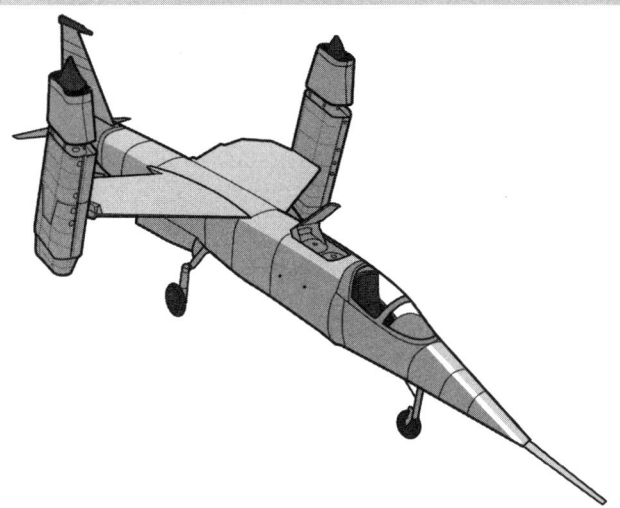

作为一款能够垂直起降的战斗机,其外形上最大的特点就是机翼两端各有1台可转向喷气式发动机

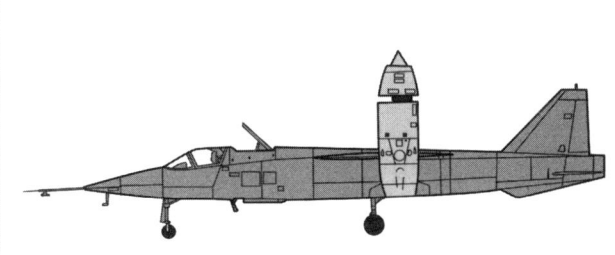

起飞时:发动机喷气口转向下方,以获得向上的推力

飞行时:发动机喷气口转向后方,为飞机提供向前的动力

通过翼尖发动机短舱的角度转变,VJ-101可以实现垂直/短距起降

027 Do.31 垂直起降运输机

Do.31 垂直运输机是德国道尼尔航空制造公司于 20 世纪 50 年代开始研制的垂直起降飞机。该公司早在二战时就以研制和生产军用运输机闻名于世，该公司长期专注于研究垂直/短距离起降军用运输机项目，道尔尼航空制造公司设计的 Do.31 方案一开始就淘汰了其他竞争者，得到德国中型垂直/短距离起降军用运输机的项目开发权。

1967 年 2 月，Do.31 首架原型机 E1 号进行了首次常规跑道滑翔的起降，同年 12 月，E3 号原型机首次进行了垂直降落的试飞。至此，Do.31 已经初具雏形。

Do.31 采用翼尖升力发动机组和翼下升力巡航发动机相组合的动力方案。整个飞机共安装了 10 台发动机。Do.31 机翼两端安装的翼尖升力发动机组中，每组均安装 4 台 RB-162 发动机为飞机的垂直起降提供主要升力支持。2 台翼下的发动机可以实现推力转向，以增加飞机在垂直起降时的升力，并可在平飞巡航时为飞机提供前进的推力。

从设计方面来看，Do.31 无疑是取得了巨大成功的，但是是否实用还很难说。

首先，Do.31 在进行垂直/短距起降时油耗惊人；其次，该机在进行垂直起降时，噪声非常大；最后，由于翼尖巨大的升力的作用，发动机舱在飞机巡航时会产生很大的阻力，增加了油耗，缩短了航程。

20 世纪 70 年代，北约开始调整战略，从大规模核报复转向灵活反应，北约空军对飞机短距垂直/短距起降的要求大大降低，而存在问题的 Do.31 项目也随之下马。

什么是垂直起降？

垂直起降是指固定机翼飞机可以垂直起飞或在无跑道情况下正常起飞，但如直升机、气球等并不属于垂直起降飞行器，因为它们并不是固定翼飞机。

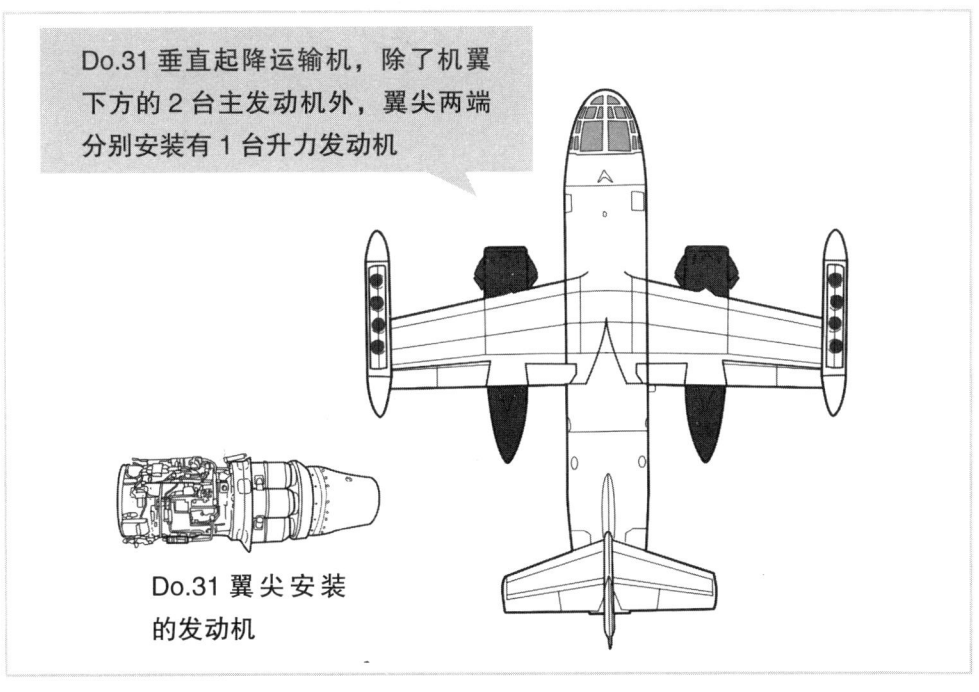

Do.31 垂直起降运输机，除了机翼下方的 2 台主发动机外，翼尖两端分别安装有 1 台升力发动机

Do.31 翼尖安装的发动机

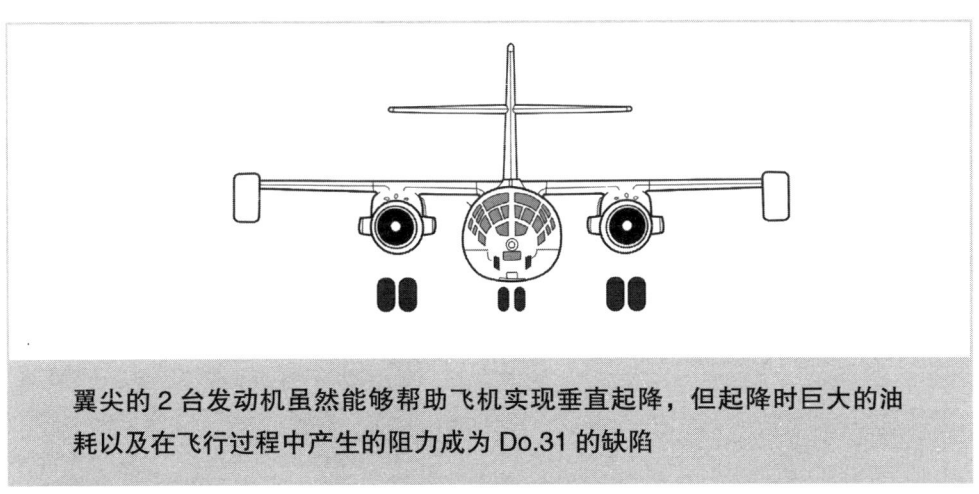

翼尖的 2 台发动机虽然能够帮助飞机实现垂直起降，但起降时巨大的油耗以及在飞行过程中产生的阻力成为 Do.31 的缺陷

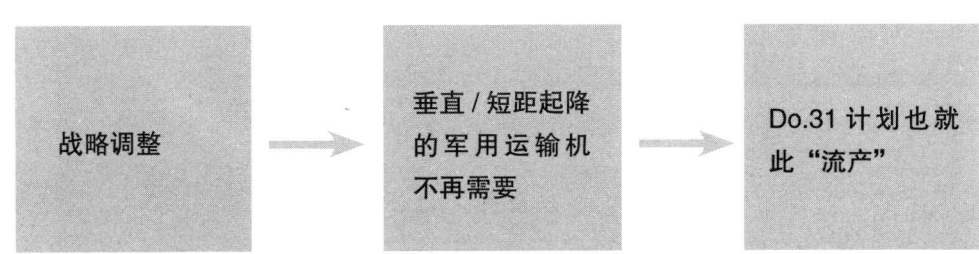

战略调整 → 垂直／短距起降的军用运输机不再需要 → Do.31 计划也就此"流产"

西科斯基 S-72X 有翼直升机

20世纪80年代,西科斯基公司、美国国防部和美国国家航空航天局(NASA)合作,研制X翼飞机,其基本思路是机顶的X形机翼可以在直升机状态下旋转,产生升力;向前飞行达到一定速度后,X翼锁住固定,作为辅助机翼使用,飞机转入固定翼飞行状态。

为了验证这个设想,西科斯基在1976年设计了一种复合型直升机,所谓复合,是因为这架直升机同时兼具直升机和固定翼飞机的特征。

西科斯基 S-72XS 有翼直升机装有一对全尺寸机翼,翼展为13.7米,机翼面积为34米^2。每片机翼上都装有全跨度的常规副翼和襟翼。在其尾翼部分,虽然像固定翼飞机一样装有水平尾翼和垂直尾翼,但在垂直尾翼上也装了升降舵。

既能以单纯的直升机飞行,也能以复合直升机飞行,或者以固定翼飞机飞行,这是S-72X最大的特点。在飞行测试中,这些特点也令S-72X赚足了眼球。

1984年,西科斯基得到NASA的合同,将S-72直升机改装为X翼系统验证机。1987年12月2日,该机被指定名称为S-72X,开始了它作为单纯固定翼飞机的首次飞行,评估它在没有旋翼情况下的飞行特性。以这种外形,它最后达到了时速484千米的平飞速度。据估计,当它以固定X翼形式飞行时,在315千米/时的速度下旋翼停转,设计旋翼停转的极限速度为833千米/时。

S-72X计划在1984年到1988年间曾名噪一时,不过,由于当时缺乏必要的资金支持,该项目最终还是被取消了。

自转旋翼机

S-72X有翼直升机也是自转旋翼机,不过,它是一种特殊的自转旋翼机。一般的旋翼机大多由尾桨提供动力前进,用尾舵控制方向。它的旋翼没有动力装置驱动,仅依靠前进时的相对气流吹动旋翼自转以产生升力。因此,一般的旋翼机不能垂直上升和悬停,必须像飞机一样经过滑跑、加速才能起飞。

什么是X翼?

按照西科斯基公司的设想,在机身顶部安装一个能够旋转-固顶的X形机翼,可以实现飞机垂直起降,并可在任何地形使用

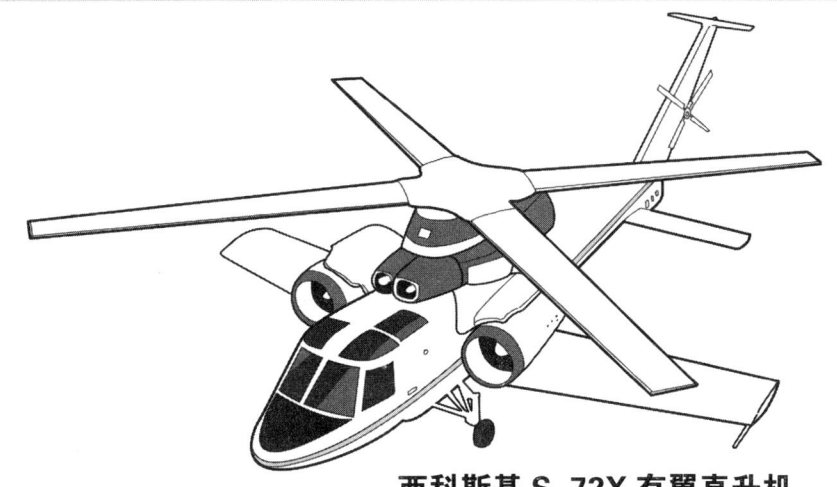

西科斯基 S-72X 有翼直升机

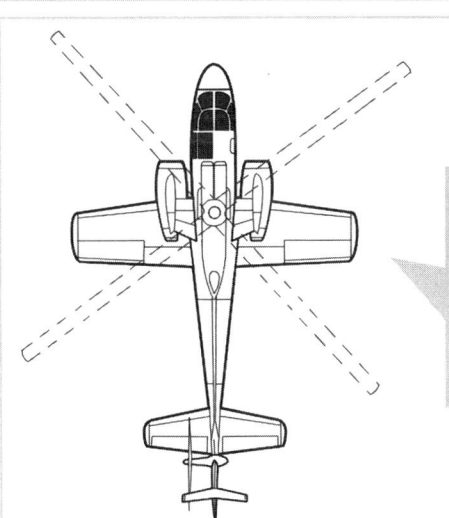

S-72X 实际上是一种同时具有直升机和固定翼飞机特点的复合型飞行器,去除X翼之后,机身主体相当于一架固定翼飞机

S-72X 拥有双层机翼(上层为X翼,下层为固定翼),且都能单独飞行,或者可以同时采用两种机翼飞行

J8M 秋水火箭战斗机

J8M 秋水火箭战斗机是二战中日本生产的一种火箭动力飞机。这款飞机以德国的 Me 163 战斗机为模板，经三菱重工稍作改进而成。

1943 年 12 月 17 日，日本伊 -29 号潜艇带着 217 吨锡和橡胶等战略物资从新加坡出发，1944 年 3 月 11 日到达当时由德军占领的法国里昂港，把这些货物交给德国人后换回 Me 163 实物和相关资料。1944 年 7 月 14 日，伊 -29 号回到新加坡，日本设计师带着资料改乘飞机回到日本，伊 -29 号在回日本途中被美军击沉，它带着的 Me 163 实物和用对空雷达等从德国人手上换回的物资一起沉落海底，日本人仅能依靠手上的资料研制自己的火箭动力飞机。

最终，由三菱重工制成的 J8M 一号机外形与 Me 163 相似，但取消了防弹装甲，因而 J8M 重量较轻，机头的发电机也改为用充电电池供电。1944 年 12 月 26 日，J8M 在百里原机场由大塚丰彦海军大尉驾驶试飞成功。

1945 年 7 月 7 日，J8M 一号机再次进行试飞。在这次试飞中，J8M 一号机在飞行中发动机突然喷出黑烟并熄火，试飞员大塚丰彦没有立即在海上迫降，而是利用发动机推力的惯性继续飞行。正当他想转弯准备在机场降落时，因为飞行高度太低，结果机翼撞到机场塔台，J8M 一号机就此坠毁。事后发现，因为燃料箱设计失当，当飞机以大迎角爬升后，难以继续向发动机提供燃料而令其熄火。随后制成的 J8M 二号机又因为燃料爆炸而被毁。J8M 暂停试飞，日本投降后这一飞机研制计划也随之终结。

火箭动力飞机有什么特点？

火箭动力飞机是使用火箭发动机来推进的航空器。通常情况下，火箭动力飞机的速度可以比相同大小的喷气式飞机更快，而且，由于火箭发动机不需要从大气中吸取氧气，更适合在非常高的高度飞行。

J8M 几乎完全仿制德国的 Me 163，日本希望借助这种新型武器争夺太平洋上的制空权

在试飞中坠毁的 J8M 一号机

Ho X 截击机

Ho X 截击机是二战末期德国霍顿飞机厂设计的一种高速截击机,这款截击机采用了和 Ho 229 轰炸机相似的飞翼设计,以求能最大程度上减小飞行阻力,提高飞行速度。

Ho X 截击机具有典型的飞翼外形,即无尾翼的翼身融合设计。为了减轻 Ho X 截击机的自身重量,其机身结构由金属管制成,金属管之间以夹层木板填充。当然,采取这样的设计也实属无奈之举,二战后期,德国的稀有金属战略物资极为紧缺,而使用空心金属管和木头能减轻资源方面的压力。

Ho X 截击机的控制由副翼和在翼尖的升降舵完成,一部布置在机背的 BMW 003 喷气发动机为其提供 900 马力的动力,座舱两侧各有一个进气口用以吸进空气。这样做的好处是不同种类的发动机都无须进行大的改动即可装机。

按照当时的设计方案,Ho X 截击机使用传统的活塞式发动机时,速度也能达到 1000 千米/时,而如果使用喷气式发动机,其速度还将明显提升,在速度方面绝对能领先当时盟军的任何战斗机。

不过,作为一种设计理念十分超前的武器,当时的德国并没有足够的工业基础和工程人员能生产该机,因此,和许多德国设计的武器一样,Ho X 截击机仅仅是处于计划阶段。而随着 1945 年纳粹德国的迅速崩溃,最终,Ho X 截击机计划未能完成。

霍顿兄弟

霍顿飞机厂的创始人霍顿兄弟从孩童时代起就向往能设计出飞得又高又快的飞机,1918 年,冯·普兰德尔特博士发表了关于飞翼的理论,霍顿兄弟很快就被飞翼飞机没有机身和尾翼的"怪异"外形迷住了。从此,他们用尽毕生精力投身于对飞翼飞机的研究。

在德军的计划中，Ho X 截击机将可能与 Ho 229 轰炸机组成编队，前者用于进行护航与盟军战斗机作战，后者将用于轰炸盟军的各种设施

Ho X 截击机机身结构由金属管制成，金属管之间以夹层木板填充，以减轻机身重量

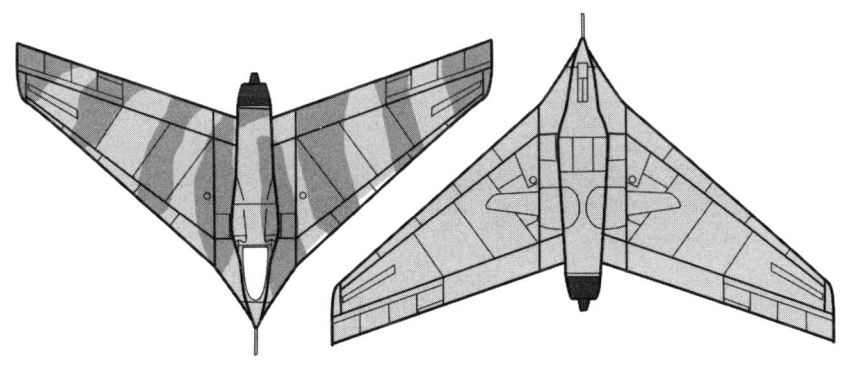

受当时技术水平的限制，这样超前的设计根本不可能成为现实

031 米亚-4重型轰炸机

米亚-4是苏联米亚西舍夫设计局研制的重型轰炸机。米亚-4从1951年开始设计，1953年12月27日，飞行员加利茨基驾驶米亚-4原型机升空。1954年5月1日，首架米亚-4在歼击机的护卫下，接受了莫斯科红场的空中检阅。

1956年，米亚-4开始进入苏联空军服役，据资料记载，共生产了110架。米亚-4的设计概念是超前的，但是没有达到设计规定的11000～12000千米航程，在试验中，米亚-4空载飞行，也才勉强达到9800千米的航程，且必须借助空中加油来弥补米亚-4在航程方面的不足。

米亚-4共有三种型号，分别是A型、B型和C型。

A型是基本轰炸型，航程为8000千米，弹舱内可载4500千克核弹或普通炸弹，也可在机腹下挂一枚AS-3空地导弹或一枚AS-4空地导弹。防御武器是10门23毫米机炮，装在机身上。不过，由于受航程的限制，苏联在大部分的A型上安装了KAZ加油系统，将A型改为加油机。

B型是海上侦察型，在A型半球形镶玻璃的机头位置换装了机头整流罩，机身下部有许多专用航空电子设备。

C型为海上侦察反潜型，外形与B型相似，但机头较B型更长，以便容纳大型搜索雷达。雷达后面是轰炸观察舱，它有透明玻璃罩，供射击瞄准用。

在米亚-4之后，米亚西舍夫设计局还设计了M50、M52等布局极为独特的战略轰炸机，但是均因脱离实际而被迫中止研究计划。之后，该设计局一蹶不振，苏军轰炸机研制工作中逐渐形成了以图波列夫设计局独大的局面。

米亚-4是苏联第一架使用喷气式发动机作为动力的轰炸机

米亚-4的发展经过了三个阶段：

A型，苏联最早出现的四发喷气式轰炸机，作战升限只有13700米，自卫能力差，航程等性能也均比不上同期西方的喷气式轰炸机

B型，是在A型的基础上更换了气泡形整流罩，机身下部有许多专用航空电子设备，中部弹舱的前部向外凸出。取消机身上部和下部的后炮，只剩6门机炮

C型，外形和B型相似，机头加长，安装了大型搜索雷达

图-119 核动力轰炸机

图-119 是苏联图波列夫设计局开发的一种核动力轰炸机。从 1955 年开始，图波列夫设计局在最高领导人赫鲁晓夫的授意下，开始研制一种新型的、以小型核反应堆为动力的战略轰炸机。

为了加快核动力飞机的试验进度，不至于落在美国人的后面，1956 年 3 月 28 日，图波列夫设计局计划在在役的图-95 远程轰炸机上加装核反应堆，以加快核动力轰炸机的研究进度，降低实验风险。1959 年，为飞机设计的 BBP 小型核反应堆设计成功，在进行测试之后，1961 年被安装在了图-95 轰炸机上进行了试飞。

BBP 小型核反应堆被安装在图-95 轰炸机的机舱中部。飞行时，反应堆通过机舱内复杂的传动设施驱动飞机机翼两侧的 4 台 HK-14A 涡轮发动机为飞机提供飞行的动力。

在核反应堆冷却方案上，苏联人采用了水冷加风冷的较为复杂的混合式冷却方案，设计了多条冷却管道。冷却管道中装有淡水，以此作为反应堆冷却剂，所有冷却管道的另一头都连结在一个悬挂在反应堆下方和飞机机身外的巨大水箱上。在进行飞行试验时，该水箱通过风为冷却管道中的水降温。这种设计虽然较好地解决了反应堆堆芯在工作时的冷却问题，但也大大增加了反应堆整体的重量和体积。

为了减少核反应堆的致命核辐射对机组人员和地勤人员的伤害，BBP 小型反应堆被重金属罩层层包裹。此外，驾驶舱与核反应堆所在的动力舱之间加装了两道密闭隔离门。密闭隔离门由重金属铅、橡胶等复合材料构成，对反应堆发出的核辐射有较好的屏蔽效果。

在 1961 年 3 月到 8 月期间，图-119 先后进行了 34 次试飞，试飞人员在空中对图-119 进行了各种科目的测试。各项测试基本上达到了预期的设计要求。但在试飞中发现图-119 存在反应堆冷却不佳、堆体容易过热等棘手的问题。此外，在每次飞行测试结束后，核物理专家还对参试机组人员进行了全面的体检，体检发现由于较长期在核辐射的环境下工作，部分机组人员出现了身体不适等情况。

最终，考虑到继续增加重金属防护会导致机身过重，以及坠毁后可能造成核泄漏等问题，图-119 计划被叫停。

图-119 核动力轰炸机

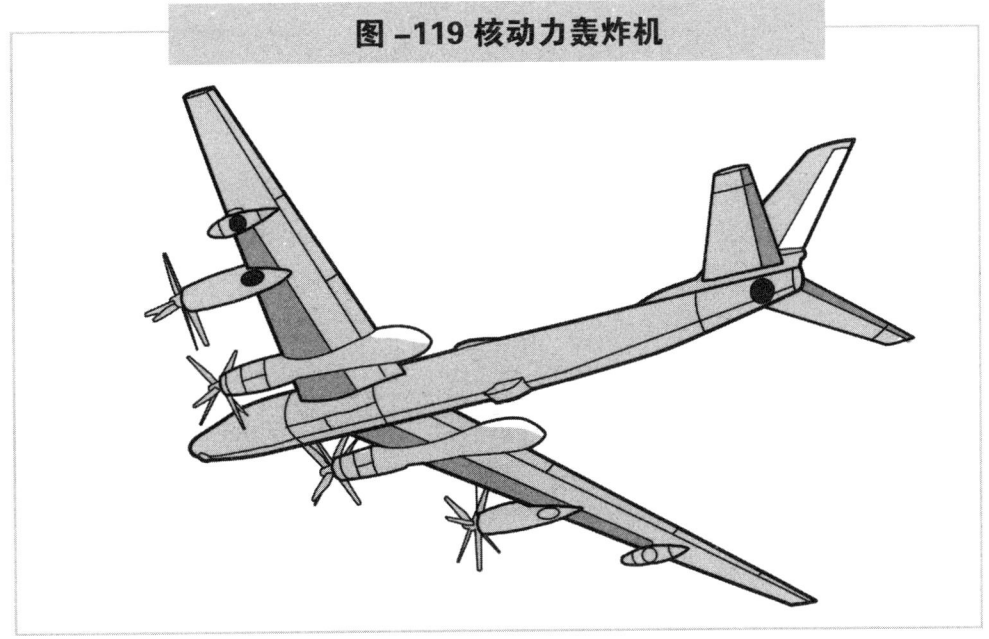

图-119 使用的是 1 台 BBP 小型核反应堆,反应堆位于机舱中部

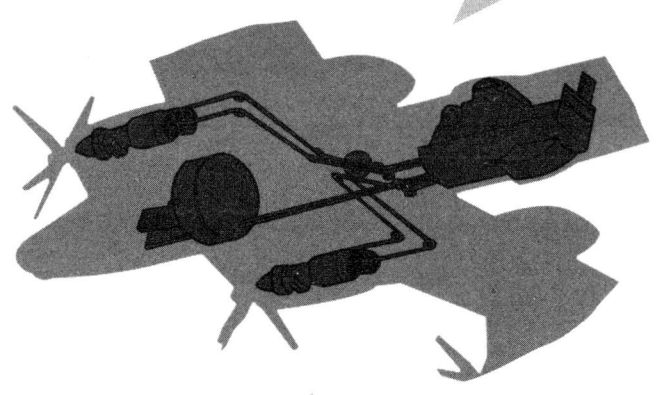

核反应堆产生的动力会通过复杂的传动装置传送到机翼两侧的 4 台发动机上,从而为飞机提供飞行的动力

"空中战列舰"——K7

K7是苏联在20世纪30年代研制的一种超级轰炸机。之所以称其为"超级",源于其巨大的外形。K7采用了飞翼结构,飞翼的翼展达到53米,厚度达到了2.33米。如此巨大的机翼是为了满足航程和载重量的需要。

为了推动这个庞然大物,在K7机翼两侧共安装了6台700马力级别的发动机。即使这样,设计者依然认为动力不足,于是就在机身的后面又增加了第7台推进式的发动机,形成了"6拉1推"的发动机布局。后来发现这种设计会导致一些结构问题,但受困于当时喷气式发动机尚未得到应用,只能尽可能多地安装发动机和螺旋桨。

K7的设计师康斯坦丁·加里宁是一名一战时期的飞行员,他当时设计该机的目的是要将它作为一种能搭载数十人的洲际客机使用,但苏联军方对K7本身很感兴趣,于是增加了军用的目的,并且对它的研究进行投资。

苏联军方希望充分利用K7巨大的机体,把它当做一个真正的"飞行堡垒",因此称之为"空中战列舰"。整架飞机被7.62毫米机枪和20毫米机关炮密布,可以说完全没有射击死角。如果当作轰炸机使用,K7可以携带9.16吨重的炸弹,或者也可以携带112名伞兵及轻型坦克,作为运输机使用。

1933年8月11日,K7进行了第一次试飞,在这次试飞中,多台发动机产生的共振令飞机震动不断,很不稳定。之后的解决方法是缩短飞机的尾部,并在操纵面上增加补偿片以改变飞机结构的固有振动频率。这样的改进的确起到了一定效果,但在1933年11月12日进行的第12次试飞的时候,因为升降舵被卡住而坠毁。直到1935年苏联政府取消了K7项目。

什么是战列舰?

战列舰是装有厚重装甲和大口径主炮的大型军舰。在二战结束前的很长一段时间里,战列舰曾经雄霸海洋世界,独领蓝色风骚,是近代海军舰队不可或缺的中坚力量。

K7机体巨大，翼展达到了53米，机翼厚度为2.33米，机翼同时也作机舱，能够容纳大量武器

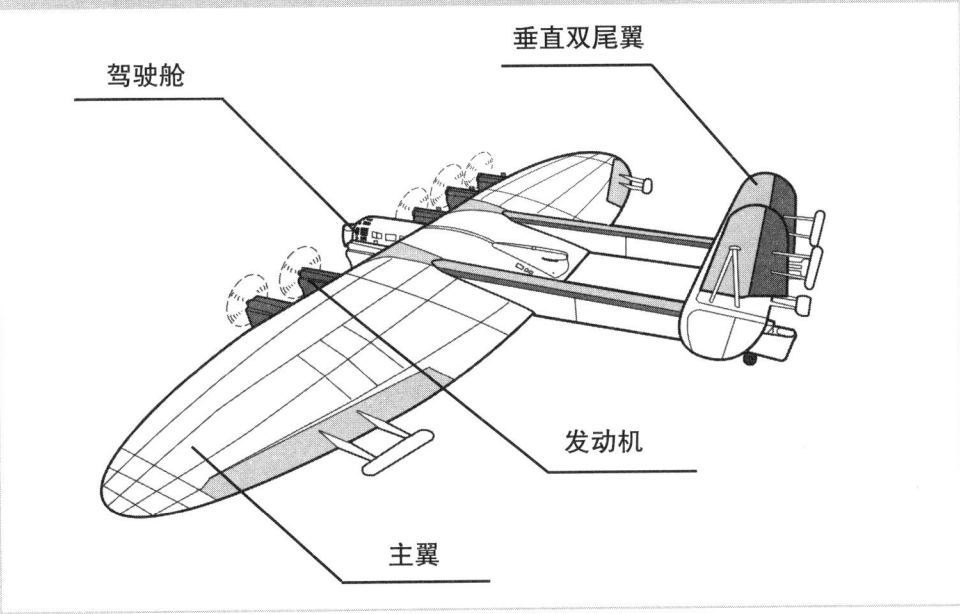

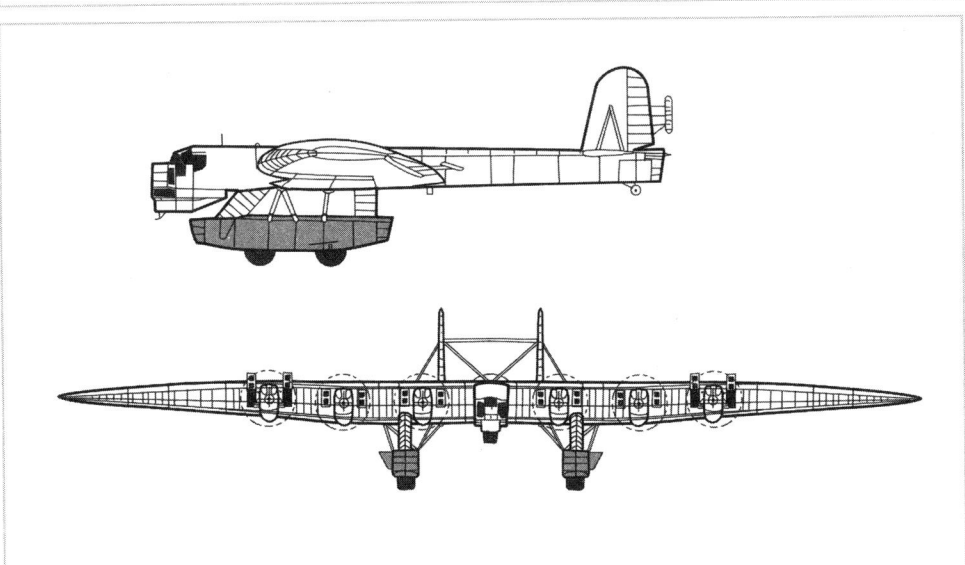

K7既能上天，也可下水。它可携带大量炸弹，它爆发的攻击力大得惊人。

XB-70 轰炸机

1955年，美国空军需要一架可以取代B-52的战略轰炸机，军方要求这种新型轰炸机能以3倍于音速的速度在超高空飞行。最终，北美航空所设计制造的XB-70轰炸机被美国空军看中。

XB-70是一架长为59.7米、宽为32米、由三角翼基本构型的大型喷气机，其主翼后掠角约65.5°，两侧翼端采用液压可变设计，可根据需要在25°～70°之间变化。下折翼端的设计除了利用缩小的翼面积、控制空气动力中心在超音速飞行下位置的变化，以及增加超音速飞行时的稳定性之外，它们还可让整架飞机"骑"在自己产生的冲击波上，这种被称为"压缩升力"的概念可将超音速冲击波转化成飞机的上举力，使得XB-70在超音速范围下有较高的升阻比。当XB-70进行巡航飞行时，约有35%的升力来自压缩升力，而非传统机翼上的升力。

由于其超音速飞行的需要，它虽然可以在机内搭载并投掷传统或核炸弹，但却不能外挂任何机外设备。

1964年9月21日，XB-70A一号原型机首次进行实际飞行，因结构脆弱、液压系统漏油、燃料泄漏与起落架故障等问题不得不返厂继续改进。基于一号机的经验，XB-70二号原型机对机翼结构进行了彻底的改良。二号机首次试飞于1965年7月17日，在1966年5月19日的一次飞行中，持续飞行了3840千米的距离。可惜的是，1966年6月8日，在一场编队飞行表演中，XB-70二号原型机与随行的F-104N星式战斗机发生了意外，最终，XB-70二号原型机于加州巴斯托北方的沙漠里坠毁。

在此之后，由于战争型态的变化和导弹的大量应用，加上XB-70高昂的研制费用，XB-70轰炸机计划宣告中止。

能够"折叠变化"的机翼

在进行超音速飞行时,主翼两端的下折翼会向下折起一定角度,以获得更大的升力。在平飞状态下,下折翼的位置保持固定,与主翼保持水平位置

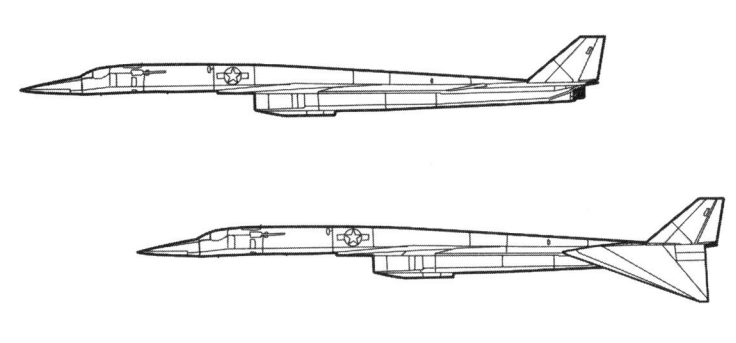

XB-70计划虽然"胎死腹中",但透过它的实际飞行数据,美国航空界获得许多重要的资料,间接协助了日后对超音速客机的研制工作

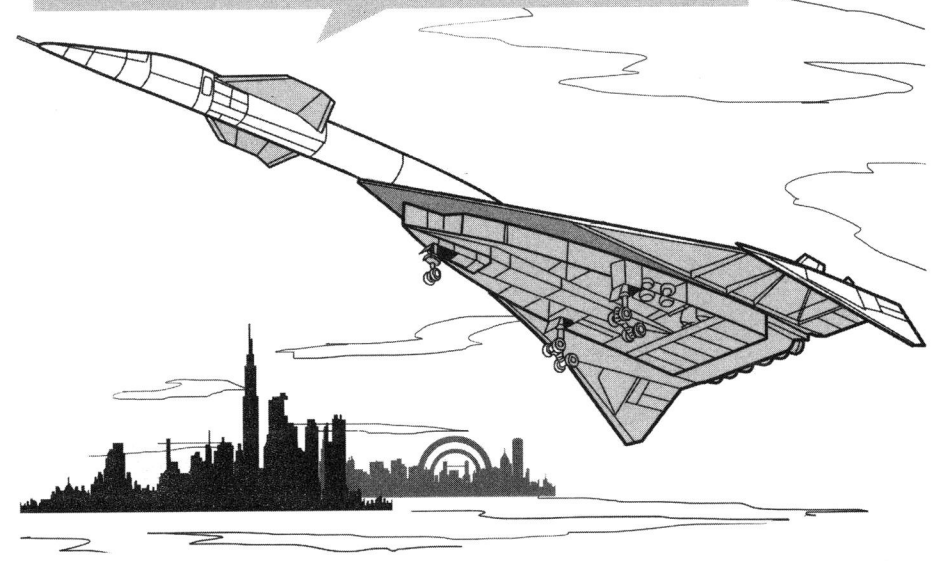

73

VVA-14 水上反潜机

VVA-14 是苏联别里耶夫设计局在 1972 年设计的一种中型垂直起降水陆两用飞机。按照计划，VVA-14 可水上起飞、高速飞行和长距离飞行，同时，它还要能达到极高的飞行高度和能贴紧海平面飞行的能力，甚至它还要能在海面上漂浮。

该飞机采用了组合式机翼，机翼在不同环境下可以通过变换角度和形状实现陆地、雪地和水上起降，加上浮筒以后能够在水上航行。从这一点来说，VVA-14 是一种革命性的飞行器。但是，从整体造型来看，VVA-14 并不符合空气动力学原理，其庞大的外形和复杂的外部结构使它在飞行中会遇到很大阻力。

1972 年 9 月 4 日，编号为 VVA-14M 的原型机在塔甘罗格首飞。之后，为了让它实现在水上垂直起飞和短距起飞，更换成了更大的浮舱，为了提高其起飞性能，将它的发动机更换成 12 台 RD36-35PR 涡轮喷气发动机。1976 年，VVA-14 的原型机改序号为 VVA-14M1P，并拆掉了浮舱。鉴于在此前的试飞中，12 台 RD36-35PR 涡轮喷气发动机提供的动力在垂直起飞的时候仍显不足，设计师又在机鼻加装了 2 台 D30M 发动机，希望能提高其起飞性能。

数量众多的发动机加上略显笨重的外形，令 VVA-14 在当时成为一种外形奇特的飞机，但也正是因为它过于奇特的外形，在整个研制过程中，并没有得到苏联军方的重视，尤其是计划采用新型反潜机的苏联海军，对 VVA-14 更是不愿多看一眼。

经过数年的持续研制和改进，VVA-14 的整体性能并没有明显提高，反而是持续不断的研究费用的投入，这让苏联人厌烦，最终，VVA-14 计划"流产"，如今仅剩一架 VVA-14 飞机的残骸遗留在俄罗斯联邦中央空军博物馆。

水上飞机和陆基飞机的区别

水上飞机是能够在水面上起飞、降落的飞机。水上飞机和陆基飞机最明显的差别就在于其机身下方装有一或两个浮筒，将机身与水面分离，有些飞机在机翼两边还装有小型辅助浮筒，以避免飞机往两侧倾斜造成翻覆。

VVA-14外形上最大的特点就是机翼下面有一对巨大的浮筒,加上它的垂直起降性能,可以实现在水面垂直起降

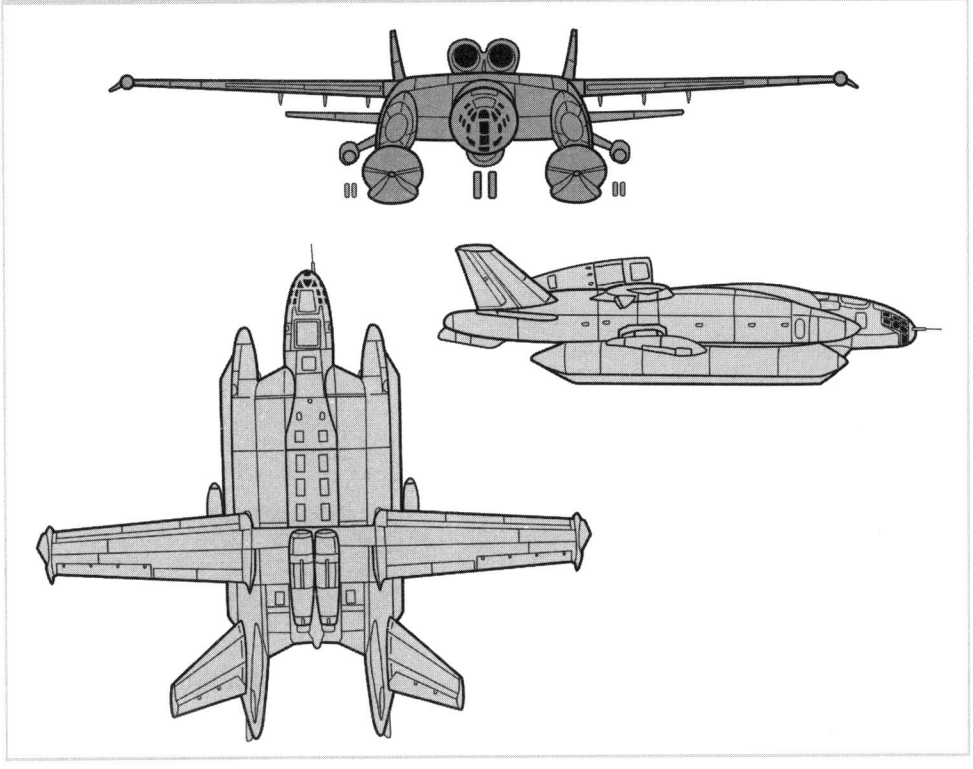

从空气动力学角度考虑,VVA-14的外形过于笨重,阻力很大,显然不利于提高飞机的飞行性能

"里海怪物"

"里海怪物"是人们对苏联阿列克谢耶夫中央设计局设计的地效飞行器的称呼。该地效飞行器是结合了普通飞机与气垫船两者特点的飞行器。与普通飞机的不同之处在于,这种飞行器主要在地效区飞行,也就是贴近地面、水面飞行,需要完全利用翼地效应来运作。与气垫船的不同之处在于,气垫船靠自身动力产生气垫,而地效飞行器靠翼地效应产生气垫。

阿列克谢耶夫中央设计局的地效飞行器主要是军事用途,可以用来发射导弹、反潜和突击登陆。1963年,伏尔加造船厂应海军要求,开始建造地效飞行器。1966年,地效飞行器首飞成功。在随后的几年中,苏联不断对其进行改进,最明显的改变就是它的体积不断增大。

1980年,西方国家才通过侦察卫星发现这种地效飞行器。由于它非常大,且又是在里海航行,所以称它为"里海怪物"。

"里海怪物"飞行器长约106米,重达495吨,这样的庞然大物如果仅靠机翼的升力是不足以支持飞行的。在其机身前部,安装了8台涡轮风扇发动机,每台涡轮风扇发动机都能产生大约13吨的推力,这可以让它获得很高的速度,并在地面与机翼之间产生一个高压气垫而使机翼获得额外的强大升力——这也意味着"里海怪物"只能贴着水面飞行。

"里海怪物"机身背部装有6管P-280反舰导弹,可用于反舰用途。

截至1982年,苏联共建成2艘"里海怪物",专用于两栖登陆作战,其航速高达300节,并可运800名全副武装的士兵。

地效飞行器能飞到高空吗?

地效飞行器是一种利用翼地效应飞行的飞行器。由于地效飞行器是依靠贴近地面时的翼地效应飞行的,而且大多数地效飞行器并不符合空气动力学原理,因此是无法在高空飞行的。

翼地效应

当运动中的地效飞行器距离地面（或水面）很近时，整个地效飞行器体的上下压力差增大，升力会陡然增加。苏联就是利用这种效应，研制了多款翼地效应飞行器并进行了实际的测试飞行

"里海怪物"

长：106米

翼展：40米

起飞重量：495吨

动力：8台涡轮风扇发动机

武器：6管P-280反舰导弹

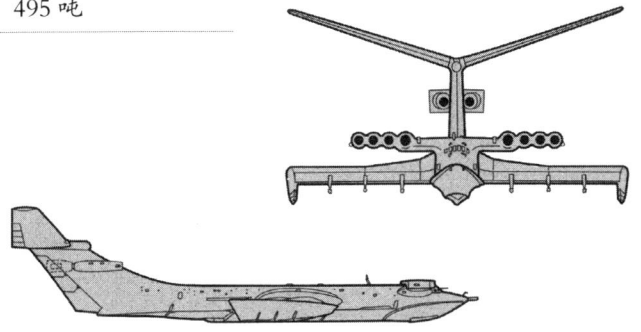

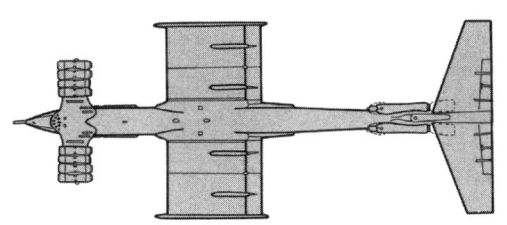

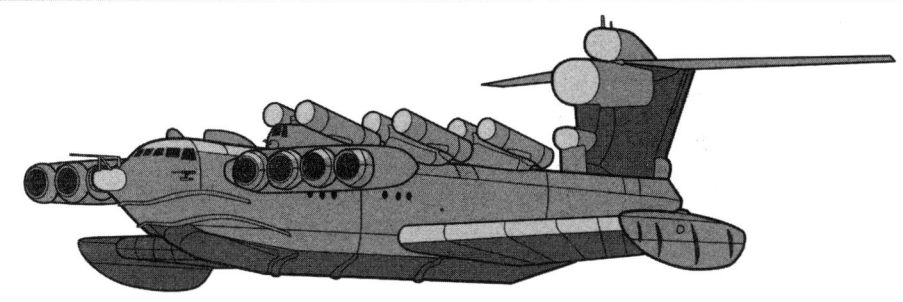

由于地效飞行器的飞行原理与普通飞机不同，该飞机既可在陆地上使用，又可在水上和雪地上使用，甚至可在海上航行，而且很难被发现

037 "飞行航母"

在一些科幻影片中，多次出现过可以飞行的航空母舰，令人叹为观止。实际上，类似的"飞行航母"曾在世界上昙花一现。

1900年，德国的齐伯林伯爵制造出了世界上第一艘硬式飞艇——LZ-1型"齐柏林"号，很快飞艇就出现在了战场上。1915年，德国出动LZ-38型"齐柏林"飞艇对英国进行空袭，该飞艇成为了最早被用于战争的航空器。

一战结束后，美国军方立即开始研制硬式飞艇，以期提高海军的空中侦察能力，用以对付日益强大的日本海军。20世纪30年代，美国斥资600万美元造出了2个当时世界上最大的"空中巨无霸"——"梅肯"号和"阿克伦"号。

"梅肯"号长约240米，直径约40米，有坚固的铝合金外壳，容积达18万米^3，其内部是12个充满氦气的大隔间，从而让这个庞然大物可以在空中飘浮飞行。尽管它的总重达到200吨，但由于它是采用8台动力强劲的汽油发动机，飞艇每小时的飞行速度仍可达到129千米以上。

"梅肯"号飞艇也被称为"飞行航母"，它可以搭载5架侦察机。飞机通过飞艇上的一种特殊的"秋千"式装置进行释放和回收。这些飞机离开飞艇时相对容易，只要被"秋千"送出艇外，启动发动机，最后脱离"秋千"吊钩即可。但是，要想返回没有飞行甲板的"梅肯"号，难度就大了许多。飞行员首先要让飞机的航速与"梅肯"号保持一致，然后逐渐接近"秋千"吊钩，凭借相对静止的状态一点点把自己飞机上固定着的舰钩套进"秋千"的圆环内。完成之后，"梅肯"号上负责回收的工作人员会放下回收架固定住飞机机身，一旦回收架和机身"对接"完毕，飞行员的任务即告完成，之后，启动吊车，把飞机"吊"回飞艇内的机库里。

按照计划，飞艇和搭载的侦察机将作为远程侦察力量，为太平洋舰队提供空中和海上预警服务。美国海军希望这些滞空能力超强的"空中航母"可以在太平洋沿岸筑起一道空中防线。

然而，事与愿违，"梅肯"号和"阿克伦"号先后因意外坠毁。这使美国投入了人力、物力和财力的"空中航母"计划受到质疑，不久，当时的美国总统罗斯福决定暂停相关项目。

"飞行航母"

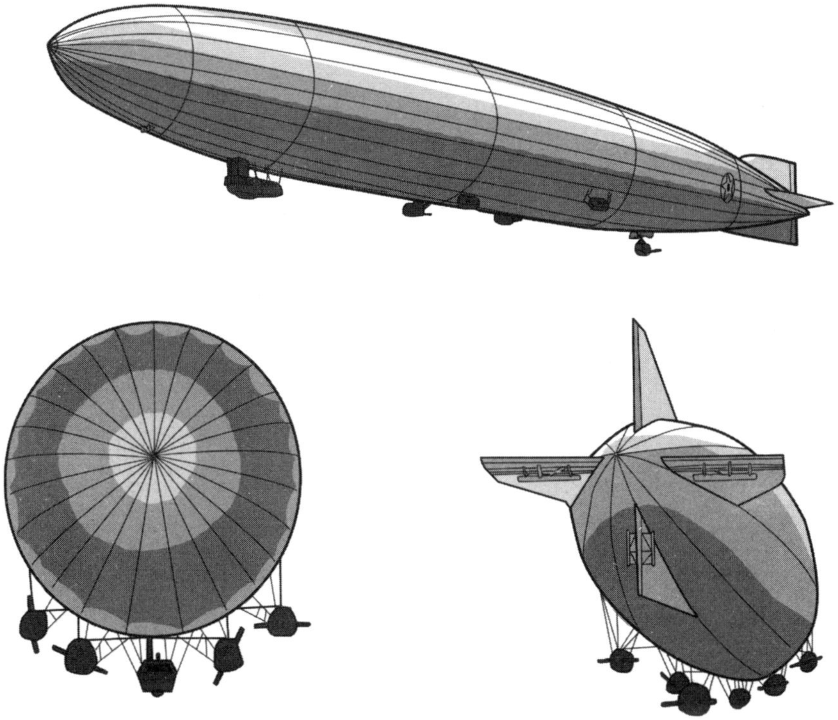

脱离挂钩后自行飞行

飞机离舰

与母舰保持相对静止的状态后,完成挂靠

飞机停靠

038 "空天母舰"

所谓"空天母舰",是人们对未来战争中能够突破天空限制、搭载战机作战的大型运输平台的设想。简单来说,可以将其看作是在天上飞行的航空母舰。美国军方从 1982 年就已经开始实施"空天母舰"计划,总费用预计为数十亿至数百亿美元,由美国国防部和 NASA 联合进行技术研究。

按照美国的新军事战略计划,将大幅减少海外驻军人数,关闭海外基地,由此留下的空缺将由远程战略武器来填补,未来的"空天母舰"就可能是其重要组成部分之一。

根据资料显示,美国波音公司秘密研发的"空天母舰"原型机——"暗星"已经成功进行了首飞。按照设想,它的长度可达 300 米,高度达 20 米,翼展将超过 100 米,载荷量达到了空前的 800 吨。这种"空天母舰"的最高时速为 30000 千米,可在海拔 200 千米的高空安全飞行。

它能在常规机场水平起飞和着陆,还可在大气层内飞行,因而"空天母舰"仍具有常规飞行器的气动外形。但相对于传统飞行器,"空天母舰"拥有在大气层外的轨道飞行的能力。由于没有了空气阻力,飞行速度将高达 25 倍音速,仅需 90 分钟就能绕地球一圈,几乎可实时到达地球上空任何一个角落并投入战斗,使敌军来不及反应。

"空天母舰"飞临目标上空之后,会释放出多架空天战斗机,向目标发射精确制导炸弹,摧毁了敌方的地下指挥所、地面防空火炮阵地等核心目标。随后,与常规战机一起参与作战。

除此之外,"空天母舰"还可以在太空轨道上向敌对国家发射核武器等,从而实现跨界作战。当然,该舰要投入使用,仍需要解决大量技术难题。

舰桥

大型涡轮发动机

飞行甲板

"空天母舰"为了保证在外太空安全飞行，设置了密闭的舱室，同时，还有能够投放战机的甲板。战机将被搭载在"空天母舰"上，从外太空直接飞临目标进行作战

"银鸟"空天轰炸机

早在1936年,德国高层就秘密下令研制一种所谓的"美洲轰炸机",代号"银鸟"。比起传统意义上的轰炸机,"银鸟"的飞行高度更高,极限飞行高度约280千米。也就是说,"银鸟"是一种性能接近航天飞机的轰炸机。

根据方案,"银鸟"长约28米,翼展为15米,机身结构简单明了,采用直线式机翼。机体选型十分合理,外表光滑的升力体机身与短小的机翼,这与许多高速实验机十分相似。从理论上来说,这种极为前卫的构形能帮助它完成一些极限任务。

"银鸟"的起飞方式与普通飞机不同,它需要借助长长的滑轨起飞。滑轨起飞其实和现在的垂直发射一样,也是一些高速飞行器的有效起飞方式之一,长长的轨道给了飞行器极高的初速。脱离轨道后,依靠火箭助推器的推力而迅速升空,随后,迅速转入垂直爬升状态,抛掉笨重的助推火箭,飞机本体直接进入预定轨道。

"银鸟"进入轨道后开始转入平飞状态,它的飞行高度比如今的航天飞机稍低。其设计思想是使飞行器充分利用超高速飞行中所产生的激波的巨大能量,使飞机像冲浪一样借着这股巨大的能量顺利飞抵数千千米之外的目标。

这些听上去很完美,但实际上,不仅制造"银鸟"的技术在当时很难实现,即便制造出了这种轰炸机,它也无法按照设计的那样投弹并轰炸目标。如果仅靠炸弹自身的重力下坠,炸弹只会紧紧地吸附在机体上,甚至光是打开弹仓门就足以对超高速飞行的飞行器产生严重的不利影响。

空天飞机和一般飞机有什么不同?

空天飞机是航空航天飞机的简称,它是一种新型飞行器,而一般的飞机只是航空器,无法飞离大气层,在太空中飞行。

"银鸟"在起飞中会借助滑轨，滑轨赋予飞机极高的初速度

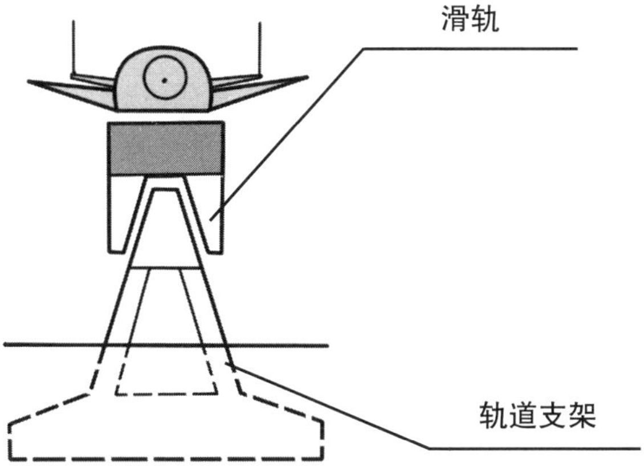

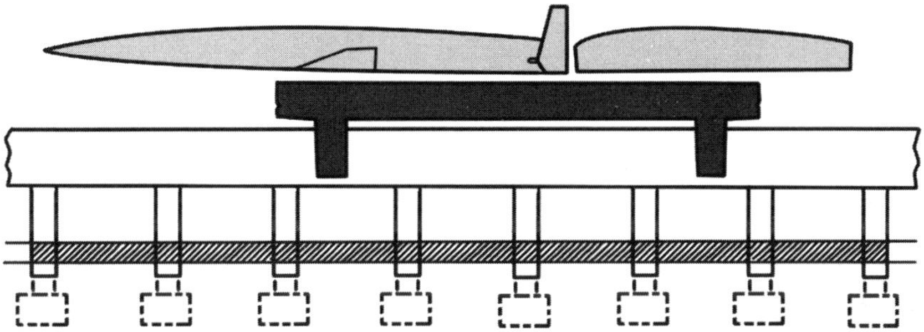

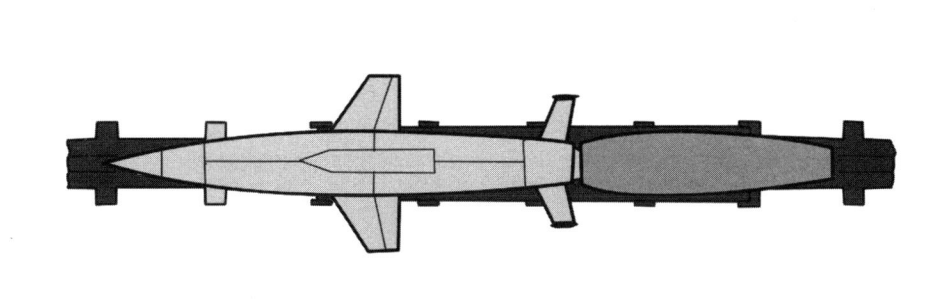

升空之后，"银鸟"会一直爬升到超过 100 千米的高空，作为一种亚轨道飞行器从高空中攻击目标

X-37B 绝密战机

X-37B 是美国研制的一种可自主返回的航空航天器,在结构上,它拥有机翼这样的结构,具有一定的大气层内飞行性能,与传统的航天器有着本质的区别。

X-37B 与航天飞机的外观有些近似,但整体规模小得多,翼展为 4.5 米,高度为 2.9 米,长为 8.9 米。在美军的数次飞行试验中,都是阿特拉斯 V 型火箭把重为 5 吨的 X-37B 送入近地轨道。由于 X-37B 执行的任务属于绝密级,因此,轨道参数外界很难知晓。X-37B 的活动范围极大,可从 200 千米的近地轨道至接近 1000 千米的轨道,这也是 X-37B 的独特之处,它可以在任何时间进入任意一条轨道,执行各种轨道监视、拦截等任务。

之所以说 X-37B 是美军的绝密战机,是因为有关它的功能、有效载荷、具体任务等信息,美军一直三缄其口,外界知之甚少。尽管美军每次都只是轻描淡写地表明"X-37B 仅仅是简单的空间科研平台而已",但外界对这种绝密战机的猜测始终都没有停止。

X-37B 的运行轨道距离地球 170 千米到 800 千米,时速为 2.8 万千米。有卫星监测到 X-37B 在太空停留期间,不停地变换轨道。因此,有猜测认为,X-37B 可能是太空间谍机,变化轨道是为了适应各国卫星不同的运行轨道,以便监视它们。

有军事专家认为,X-37B 可以搭载导弹、激光发射器等先进武器,会对别国卫星和其他航天器进行控制、捕猎和摧毁等攻击行为,甚至还可以向地面目标发起攻击。因此,X-37B 被认定为实现"全球快速打击战略"的重要武器。

航天飞机有什么用处?

航天飞机是一种可重复使用的由运载火箭发射的飞行器,它可以进入地球轨道,在地球与轨道航天器之间运送人员和物资,并滑翔降落回地面。它在轨道上运行时,可在机载有效载荷和宇航员的配合下完成多种任务,能在轨道上投放卫星,维修和回收卫星,攻击和捕获敌方卫星。

X-37B 绝密战机的结构

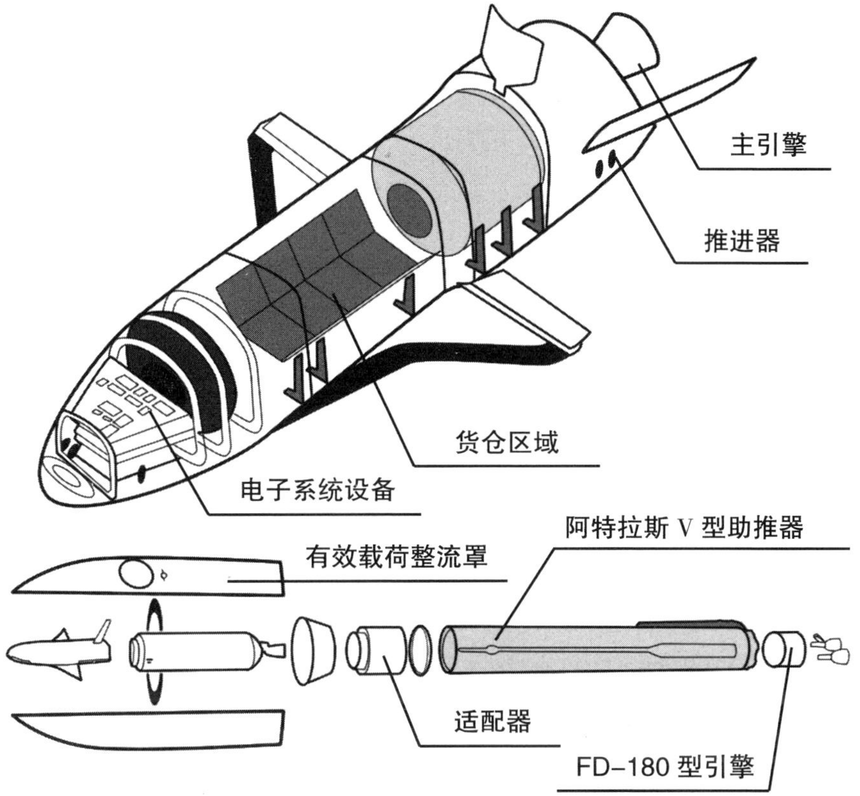

- 主引擎
- 推进器
- 货仓区域
- 电子系统设备
- 有效载荷整流罩
- 阿特拉斯 V 型助推器
- 适配器
- FD-180 型引擎

X-37B 的尺寸仅是普通航天飞机的 1/4

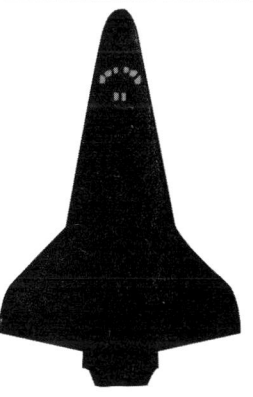

X-37B

长度：8.9 米　　翼展：4.5 米

高度：2.9 米　　重量：5 吨

041 Bv 141 侦察机

几乎所有的固定翼飞机都是机身位于中间，左右两侧分别是等长的机翼，但也有少部分并未按照这种常规布局来设计，如德国在二战前研制的 Bv 141 侦察机。

1937 年，德国军方提出需要一款单发三座短程的侦察与观测飞机，尤其强调这种飞机需要具备良好的视野。当时，有阿拉杜公司、福克·沃尔夫公司和汉堡飞机制造厂三家公司参与了竞标。

汉堡飞机制造厂的工程师沃格特博士提出了一种非常特殊的设计。他的设计方案采用了不对称外型设计，视野良好的座舱在机翼右侧，机翼左侧连接发动机舱和机尾延伸段，在延伸段尾部则装备了平尾和垂尾，安装一台 865 马力的 BMW132N 气冷式发动机。

最终，德国军方看中了沃格特博士的方案，将其定型为 Bv 141。

从 1939 年开始，Bv 141 预生产型的测试工作在莱西林测试中心展开，但不久后，生产计划在 1940 年 4 月终止，军方给出的理由是认为该型飞机的动力很难满足任务需要，背后的真正原因是军方实在不习惯这种"怪异"的外型设计，就连起初被派遣来测试飞机的空军飞行员都对这种飞机能否起飞升空表示怀疑。

汉堡飞机制造厂并没有放弃这个设计，他们将 5 台发动机改为 BMW801 气冷式发动机，并重新设计，改动内容包括具有同等渐缩外型的外侧机翼和不对称水平尾翼，以期改进后方射界。可惜，这些新设计不仅没能挽救 Bv 141，反而导致其性能下降。

最终，只有一架 Bv 141 于 1941 年秋天被送交测试，德国空军原本计划将已经生产出来的 Bv 141 组成一个中队，但这一计划一再延后，于 1943 年悄然下马。

Bv 141 侦察机

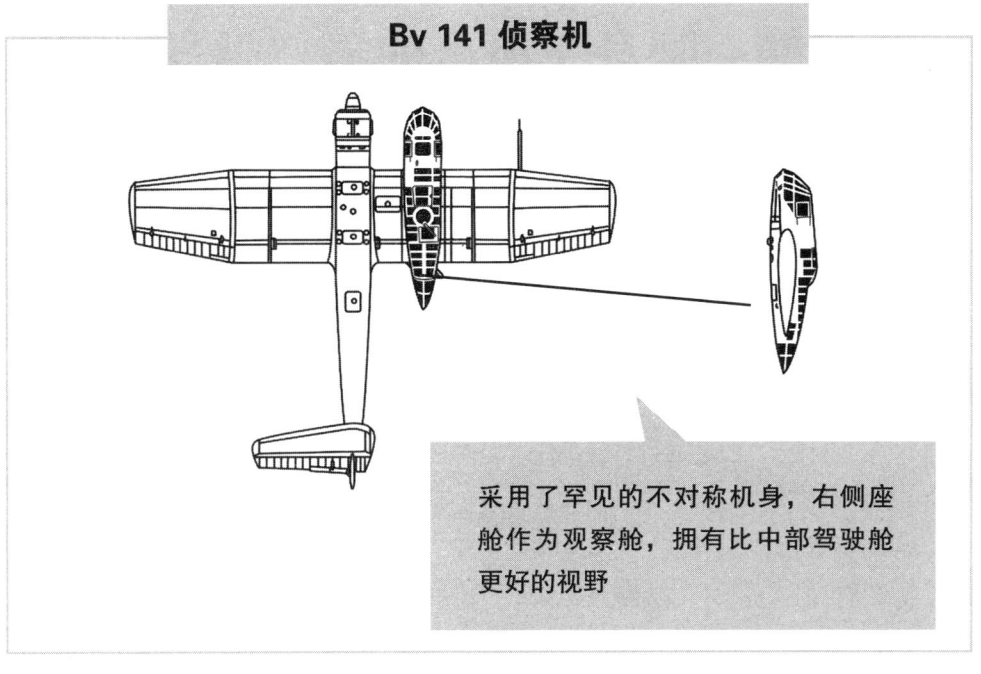

采用了罕见的不对称机身，右侧座舱作为观察舱，拥有比中部驾驶舱更好的视野

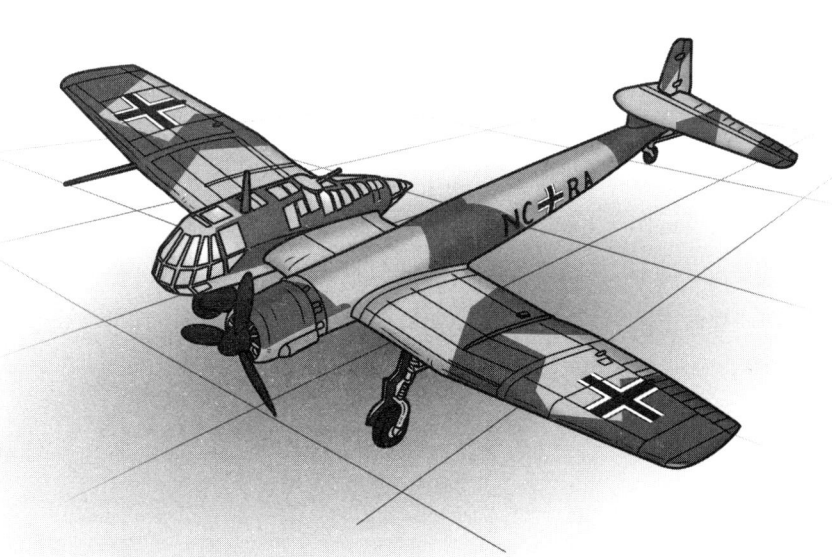

由于外形过于奇葩，Bv 141 并没有受到人们的欢迎，甚至由于后续改进中不断出现问题，最终被德军彻底抛弃

专题：隐身飞机真的能"隐身"吗？

从 20 世纪 80 年代开始，隐身飞机逐渐进入了人们的视野。以美国的 B-2 "幽灵"轰炸机、F-117 "夜鹰"战斗机、F-22 "猛禽"战斗机等隐身机型为代表，开创了军用飞机的隐身时代。那么，这些隐身飞机的"隐身"究竟是怎样一回事？是不是真的实现了我们所理解的"隐身"呢？

隐身飞机所谓的"隐身"，其实是低可侦测性技术的通俗说法。低可侦测性技术，也称为"隐身技术"，是通过特殊设计、表面材质或装置，降低物体被侦测到的机会或缩短其可被侦测距离的技术。当前该科技主要被应用于军事用途，通过降低自方武器装备等目标物的信号特征，使对方难以发现、识别、追踪及攻击；从而提高自方战略或战术目标的达成率，以及战场存活率。迷彩和潜艇是该技术早期就有的代表，而隐身飞机是该技术最先进的代表。

通常，使用雷达、红外线等探测手段是实现超视距侦查的主要方式。雷达在许多侦测手段上的有效探测距离和追踪的精确度最高。机械或者电子装置在运作的时候产生的废热会被红外线探测仪发现并加以搜集。通过这样的方式，人们可以从更远的距离发现敌机或其他武器装备。

因此，要实现"隐身"，就要在一定程度上对雷达或红外线探测装置的侦查能力进行压制。如改变外部几何形状、缩小雷达发射面积，或者使用能够吸收雷达波的材料以及降低机器运作产生的废热等方式来降低被敌方探测到的几率。

也就是说，隐身飞机的"隐身"其实只是降低被探测到的几率，而并非我们通常所理解的"视而不见"。

第四章
超级炸弹

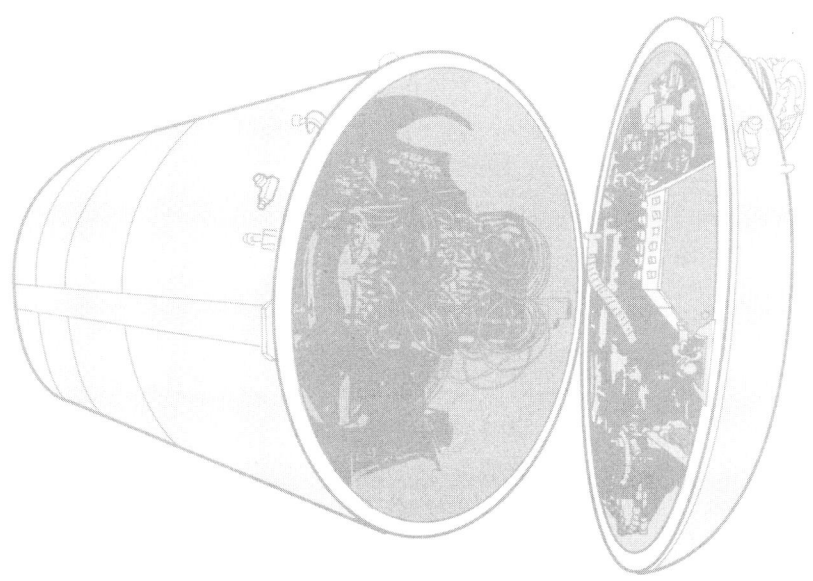

042 凯特林炸弹

一战时期，美国军方要求查尔斯·凯特林研制一种可以无人驾驶的"飞行炸弹"。查尔斯·凯特林是美国著名的发明家，他通过电瓶启动系统，使汽车能够直接利用电力发动起来，再也不需手摇发动。

在接到美国军方下达的任务之后，凯特林借鉴了当时的飞机飞行原理进行了设计，最终制成的凯特林炸弹初看就像是一架双翼战斗机。凯特林炸弹搭载了1台四缸发动机，在炸弹两侧装有硬纸板或木制的机翼，能够以80千米的时速飞行。

随后，美军对凯特林炸弹进行了测试。在第一次测试中，搭载了陀螺仪（一种用来感测与维持方向的装置，基于角动量守恒的理论设计）导航装置的凯特林炸弹成功飞抵目标。

在这之后，凯特林又对凯特林炸弹的机械系统进行了改进，并于1918年交付美军使用。美军试图用凯特林炸弹攻击同盟国的军事目标，但第一次发射就宣告失败。凯特林炸弹起飞后爬升坡度太陡，在半空中停止飞行后坠落。

从此以后，美军再也没有使用过凯特林炸弹，也对其可靠性产生了怀疑，担心在战斗中如果再出现类似的故障可能会影响战事。

20世纪20年代，美国军方仍然不放弃对这一项目的研究，但之后国防部撤回了用于飞行炸弹研究的资金，飞行炸弹计划正式宣告结束。

由于当时的技术受限，凯特林炸弹显得并不实用，但现在看来，它可以被看作是航空制导炸弹的先驱。

陀螺仪是怎样工作的？

陀螺仪的工作过程可以想象成它是一名坐在汽车中被蒙上眼睛的乘客，感受着汽车左转、右转、上坡、下坡，根据这些信息，乘客可以判断出汽车朝哪里开，但不知道汽车速度的快和慢，也不知道汽车是否正滑向路边。

凯特琳炸弹依靠陀螺仪确定航向

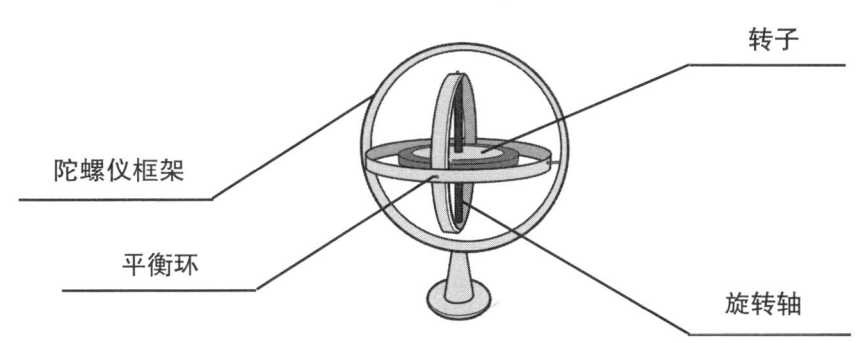

陀螺仪一旦开始旋转,由于转子的角动量,陀螺仪有抗拒方向改变的特点,因此,可以用于导航、定位系统等用途

虽然凯特林炸弹在测试中表现尚且不错,但在实际运用中,第一次发射就宣告失败,导致美军对其失去信心,最终放弃了凯特林炸弹

043 气球炸弹

气球炸弹是二战末期日本研制的一种武器，1942年，由气象学家荒川秀俊设计而成。他计划利用氢气球能够长时间飞行的原理，让氢气球携带炸弹，用于攻击远在大洋彼岸的美国。

气球炸弹最初并没有受到日本军方的重视，他们认为这种武器的可行性很低，想让气球在无人操控的情况下飞跃太平洋，简直是天方夜谭。但当战局已经越来越不利于日本时，日本军方想到气球炸弹这种"非常规武器"。

从1944年开始，日本发射了大约10000个携带炸弹的氢气球。气球被释放后，能飞到1万米以上的高空，在风力的帮助下，最高飞行速度能达到193千米/时。随着氢气慢慢泄漏，气球不断降低飞行高度，最终坠落。在10000个气球炸弹中，有1000个气球最终能成功抵达目的地，剩下的气球有的在空中爆炸，有的坠落在海洋里。

事实上，这种气球炸弹几乎无法发挥威力，但它仍然对美国人造成了一些伤害。1945年5月5日，美国俄勒冈州的1名妇女和5名儿童，在拉扯挂在树枝上的气球炸弹的过程中，引起气球的爆炸，造成6人当场死亡。

由于美方采取了新闻管制措施，防止消息泄漏，使得日军始终无法透过美国的媒体报道确认"战果"。同时，美军分析了所拾获的气球内携带沙包的沙砾成分，推测出气球制造工厂的大约位置，对这些工厂进行了有针对性的轰炸，迫使日军不得不将气球工厂四处迁移。

日本始终不知道气球炸弹的作战效果如何，再加上日本本土战争工业遭美军空袭，损失惨重，不得不中止了此项计划。

气球炸弹设计的难点在于：
· 需要精确预测高空气流的动态。北半球的西风带和辽阔的太平洋使得气球可能顺利被送到美国
· 为气球安装气压仪器来精确控制气球高度
· 为了确定降落的时机，采用了计时器的方法，设定好需要抵达美国的时间，以期准时降落

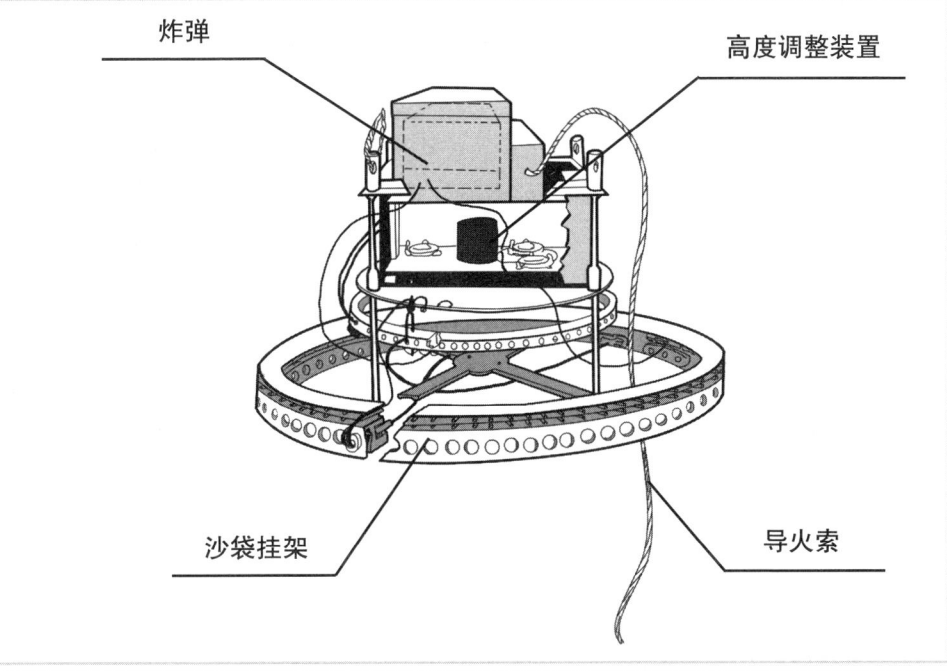

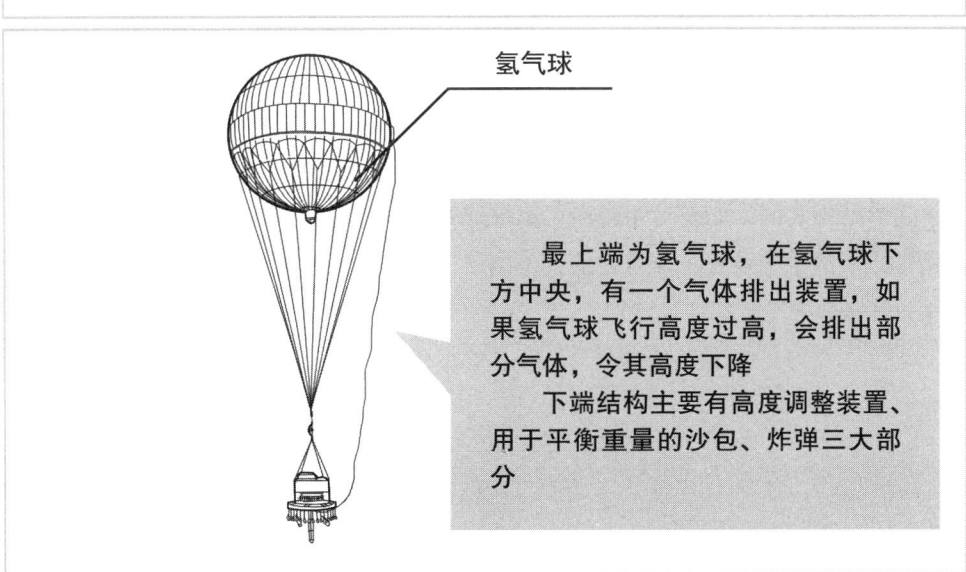

最上端为氢气球，在氢气球下方中央，有一个气体排出装置，如果氢气球飞行高度过高，会排出部分气体，令其高度下降

下端结构主要有高度调整装置、用于平衡重量的沙包、炸弹三大部分

93

蝙蝠炸弹

在日军试图利用气球炸弹空袭美国本土制造恐慌之后，美国研制了一种类似的武器——蝙蝠炸弹。

蝙蝠炸弹计划是一名叫做莱特尔·亚当斯的牙科医生向美国军方提出来的，并得到了美国军方的采纳。

蝙蝠炸弹是以墨西哥无尾蝙蝠作为炸弹载体，其设计原理非常简单。将燃烧弹装置在墨西哥无尾蝙蝠身上，然后将蝙蝠放入冷藏器内使它们处于冬眠状态，以确保它不会在运输过程中爆炸。接着，由美军的B-29轰炸机来将这些冷藏器投掷到日本国土上。

当昏昏欲睡的蝙蝠从冷藏器中被弹出来后，慢慢从冬眠状态中苏醒过来。破晓的时候，蝙蝠便会潜入建筑物。之后，定时器就会引爆蝙蝠所携带的炸弹。

按照设想，由于二战期间日本本土的建筑都是木质的，一架飞机内装载的蝙蝠炸弹便可造成4700多处燃烧点，而一般炸弹顶多只能造成400处燃烧点。所释放的这种蝙蝠，会栖息在敌人城市的基础设施中。在一个特定的时间，所有的蝙蝠都会爆炸，烧毁整座城市。

蝙蝠炸弹研制成功之后，美国军方对其效果有所怀疑。因此，在美国空军司令部代表的参与下，进行了第一次空投蝙蝠炸弹模拟实验，这次试验使用了180只蝙蝠炸弹，并成功地摧毁了模拟的建筑物。但是在后来的几次试验中，美国人发现了一些问题，许多蝙蝠未能从冬眠中苏醒过来，还没成功脱离冷藏器，就直接摔死了，因此，他们认为还需要为冷藏器配备小型降落伞。

实验结果表明，如果运用得当，蝙蝠炸弹确实是一种极具杀伤力的武器。但在这些蝙蝠"战士"被真正部署之前，美国就向广岛和长崎投放了原子弹，最终，美国军方还是放弃了蝙蝠炸弹计划。

| 携带炸弹的蝙蝠 | 冷藏蝙蝠炸弹的容器 |

蝙蝠从容器中被弹出,并苏醒

按照美军的设想,蝙蝠炸弹释放后,将会引起多处燃烧点,甚至烧毁整座城市

045 自杀式鱼雷——"回天"

"回天"是日本于二战末期使用的一种由人直接操舵的鱼雷。"回天"之名来自日本当局逆转战局的愿望。

中途岛海战之后，美国海军无论就舰艇数量、质量而言，都已占有绝对优势，仅航空母舰就达到12艘，而日本仅剩5艘航空母舰，且状态多为超龄服役。海上形势对日本明显不利，为摆脱这种窘境，1943年，日本从其法西斯盟国意大利手中获得人操鱼雷技术，开始研制生产自己的人操鱼雷——"回天"。

改装后的"回天"实际上成为一种微型的自杀式潜艇，艇长约3.4米，形状与正常鱼雷基本相似，只是体积稍大一些，构造十分简单。整个雷体分为前、中、后三个部分：前部是炸药舱，装满了烈性炸药，外加一套接触引爆装置，与中部驾驶舱相连；后部是机器舱，一般配有2台柴油发动机；中部是驾驶员座舱，由于前舱装药量大，以致驾驶舱剩余空间非常狭窄，仅能容一人蜷曲而坐。舱内安装了可用于操纵鱼雷艇的驾驶盘、一部捕捉攻击目标的潜望镜，此外，还有少数必备仪器。驾驶员进入驾驶舱后，舱门立即水密关上，此后便不能打开。因此，"回天"一经发射，只能一往直前，发现目标后即与目标同归于尽。

"回天"攻击命中率几乎是100%，据美国太平洋海军舰队统计，在停战前的3个月里，"回天"共击沉美军运输船只15艘、巡洋舰2艘、驱逐舰5艘、水上飞机母舰1艘、不明舰种6艘。

尽管"回天"在战场上取得了丰硕的战果，但也终无回天之力，毕竟，非正义的战争注定会失败，而且这种以生命作武器的残忍作法，也受到世界各国的唾弃和日本国内民众的强烈反对。

"回天"的搭载方式是由潜艇携带，固定在潜艇甲板上，在靠近敌方目标时释放鱼雷，由人驾驶，直奔目标开展攻击

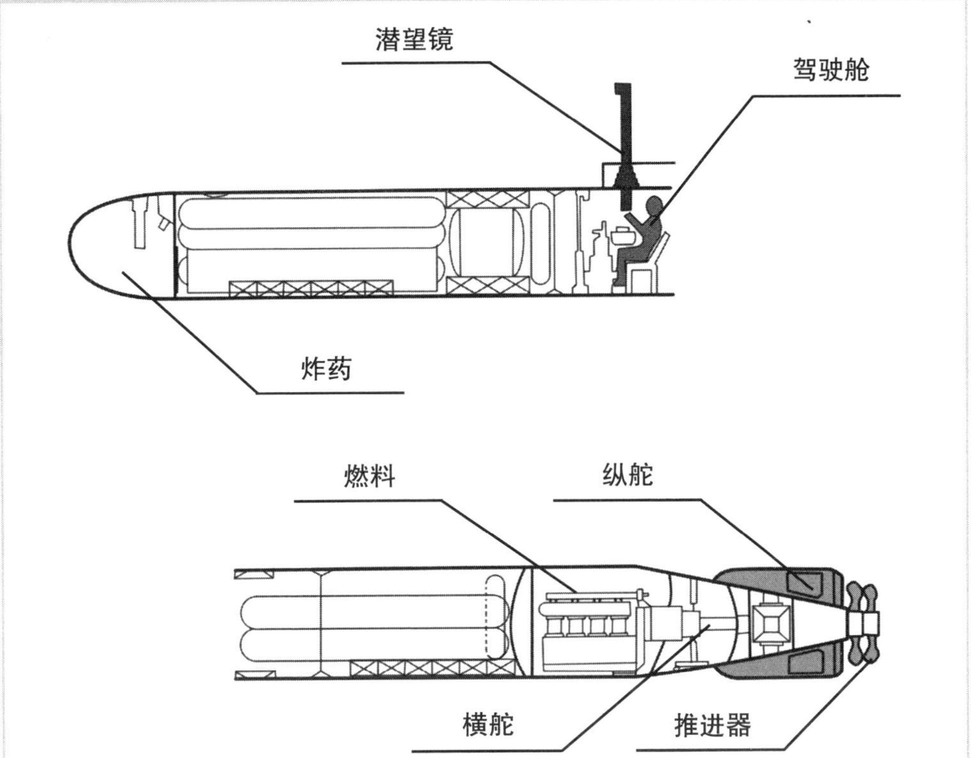

潜望镜　驾驶舱

炸药

燃料　纵舵

横舵　推进器

"回天"乙型断面图

二战中日军向潜艇上装载"回天"的场景

046 弗里茨 X 制导炸弹

弗里茨 X 制导炸弹是世界上最早的一种无线电遥控制导炸弹。二战初期，德国拥有其他国家无可比拟的空中优势，为此，德国希望进一步强化他们的空中打击能力，提高轰炸的准确性。

从 1939 年开始，德国开始进行无线制导炸弹研制计划，并于 1942 年试验成功。1943 年，弗里茨 X 制导炸弹投入实战，被装备给德国第二和第三轰炸中队。

弗里茨 X 制导炸弹的载机主要有 Do 217K-3 和 He 177 轰炸机。投放后，炸弹利用从 4000～8000 米高空下落的动能加速，最大速度可达 1018.6 千米/时，产生的能量足以穿透大型战舰的水平装甲板。同时，轰炸机机组成员根据观测，可以通过无线电指令操作炸弹。

弗里茨 X 制导炸弹一共生产了 2500 枚，但真正投入实战的只有 100 枚。

1943 年 9 月，在盟军登陆萨勒诺时，1 枚弗里茨 X 制导炸弹击中了美国海军"大草原"号轻巡洋舰，近 200 名水手因此丧命，该巡洋舰也因此船厂里历经了长达一年的大修。

此后不久，英国海军的"伊丽莎白女王"级"怨战"号战列舰也遭到了数枚弗里茨 X 制导炸弹的重创。

1943 年 9 月 9 日，在意大利宣布投降并退出德意轴心国的第二天，德国 12 架 Do 217 轰炸机携带弗里茨 X 制导炸弹，在地中海对正准备向盟军投降的意大利海军主力战列舰"罗马"号发起了攻击。2 枚弗里茨 X 制导炸弹引爆了弹药库，完全摧毁了这艘重 4.2 万吨的战列舰，包括舰队司令伯冈明尼上将在内的 1600 余名官兵全部葬身海底。

弗里茨 X 制导炸弹的投放方式

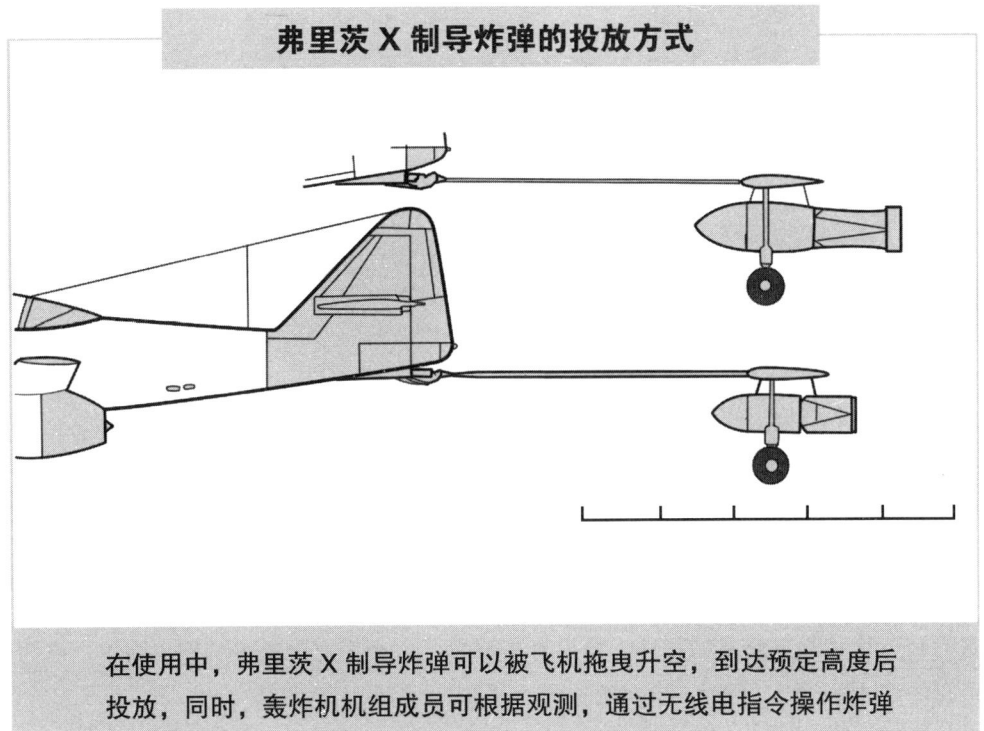

在使用中，弗里茨 X 制导炸弹可以被飞机拖曳升空，到达预定高度后投放，同时，轰炸机机组成员可根据观测，通过无线电指令操作炸弹

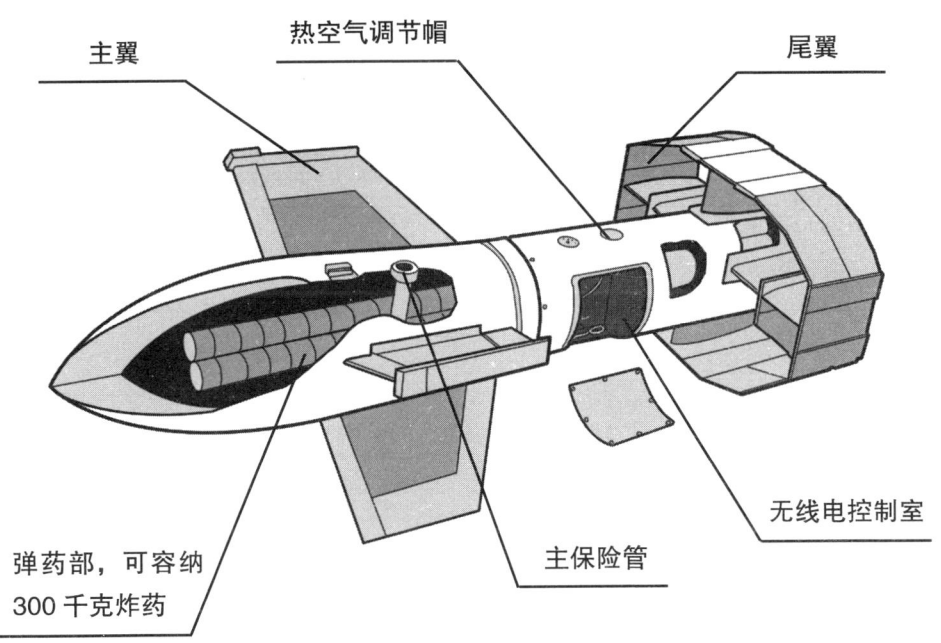

- 主翼
- 热空气调节帽
- 尾翼
- 无线电控制室
- 主保险管
- 弹药部，可容纳 300 千克炸药

哥利亚遥控炸弹

哥利亚遥控炸弹是二战中德军使用的一种用于破坏用途的远程操控炸弹。不过，"炸弹"这种说法并不完全准确，因为哥利亚遥控炸弹从外型和结构上看，其实是一种小型履带车辆。

1940年，德国研制了"302号特殊用途车辆"，它被定义为"轻型炸药运输车"，士兵们习惯上将它叫作"哥利亚"。

哥利亚的尺寸约为120厘米长、60厘米宽、30厘米高，可携带约60千克的炸药，该车可由一个遥控操纵杆控制。操纵箱由三根电缆连接，其中，两条负责控制行驶方向，一条负责引爆。1台哥利亚所携带的电缆长度大约630米。

早期的哥利亚遥控炸弹由电动马达驱动，但由于所有遥控炸弹都是一次性用品，它的高造价和难以修复的特性，显得有些浪费，后来为它配备了结构更简单、更为可靠的汽油发动机，此时，它被官方称为"303号特殊用途车辆"。

哥利亚遥控炸弹主要由专门的装甲部队和战斗工兵单位使用，可以用来直接炸毁坦克、建筑物、桥梁及打乱步兵的密集队形。在战场上，为了对付哥利亚，盟军常常会派出士兵巡逻，在发现哥利亚遥控炸弹之后就切断电缆，令其丧失作用。

虽然德军生产了大量的哥利亚遥控炸弹，但其普遍被认为不是一个成功的武器，主要原因是其制造成本高、速度慢（时速大约10千米），而且跨越壕沟的能力非常差，十几厘米的路沟就能阻挡它的前进，加上脆弱的电缆和薄得无法抵抗反坦克武器的装甲令它很容易被摧毁。

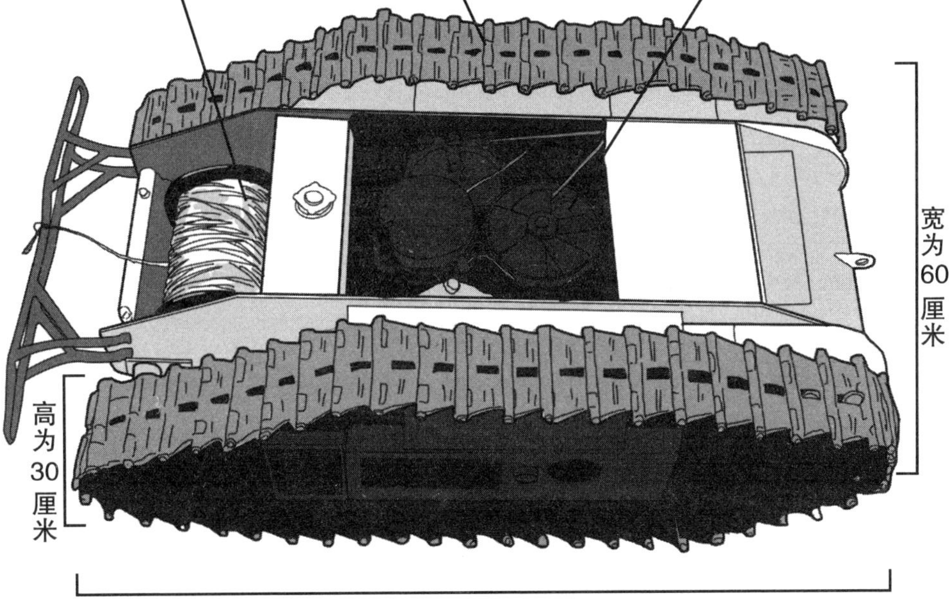

电缆　　履带　　炸药

宽为60厘米

高为30厘米

长约为120厘米

哥利亚遥控炸弹的主要用途
炸毁坦克
炸毁建筑物
炸毁桥梁
打乱步兵的密集队形

道格拉斯VB系列制导炸弹

1942年4月，美国陆军航空装备司令部(后来在1944年成为美国空中技术服务司令部)开始关注研究VB系列制导炸弹。第一种型号被称为VB-1，是在1000磅级的炸弹安装上新的尾翼、陀螺仪稳定系统、方向舵、尾部追踪闪光系统等设备。当VB-1被投掷后，载机能够通过无线电指令来控制VB-1的轨迹，但是这种控制只能针对方位角。由于只能控制方位角，所以，VB-1对于攻击狭长的目标(如桥梁和铁路)相对适合，但是对于攻击普通目标，VB-1还不如常规自由落体炸弹的效果好。

从VB-2开始，美军开始对制导炸弹的制导技术进行改进，红外线制导、电视制导等技术先后开始应用在VB系列炸弹上。不过，后续的这些型号基本上都没在战场上使用，甚至许多型号由于制导技术的问题根本没有投产。

道格拉斯VB-10是一种1000磅级的电视制导炸弹，炸弹直径约60厘米、长约3米，在弹体上有两个圆形整流罩，其中，大的圆形整流罩负责控制方向，尾部小的圆形整流罩负责为炸弹减速，以帮助载机进行跟踪和制导(载机可以通过炸弹导引获取图像，并显示在机载显示器上)。VB-10在1944年9月至1945年5月期间进行了多次测试，但是和它的"前辈"一样，它没有进入生产阶段。

虽然包括VB-10在内的这一系列制导炸弹并没有在战场派上多大用场，但对后来的制导技术的研发有着重要意义，也为新一代制导炸弹的问世奠定了技术基础。

"飞行堡垒"——B-17

B-17为波音公司设计并于1935年试飞成功的一种远程重型轰炸机，它开启了战略轰炸机的概念。它是真正的"飞行堡垒"，它装载的武器系统很重，包括1门机炮和12挺机枪，可携带7.98吨重的炸弹，特种作战改型后，可装30挺机枪。在二战时期的欧洲战场上，B-17因在白天对柏林进行了大规模地持续轰炸而闻名于世。

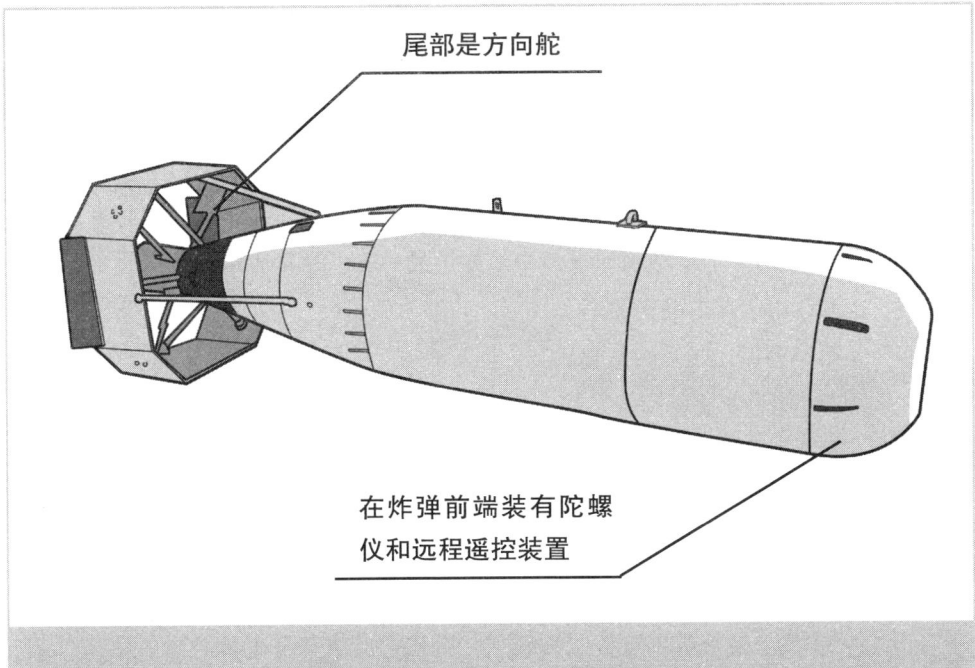

尾部是方向舵

在炸弹前端装有陀螺仪和远程遥控装置

方向舵、陀螺仪、远程遥控装置这三大系统构成了VB系列制导导弹的制导系统

美军B-17轰炸机挂载的VB系列制导炸弹

"蝙蝠"制导炸弹

"蝙蝠"制导炸弹被美国军方命名为 SWOD MK. 9（SWOD 意为"特殊武器火力装置"），"蝙蝠"是早期制导炸弹中最先进的一种。它是美国海军研发的远程反舰武器，也可以用于攻击静止的岸上目标，如停泊的船只、大型储油罐或者仓库等。"蝙蝠"是第一种雷达制导的反舰武器，也是第一种发射后不管的制导武器。

"蝙蝠"使用贝尔实验室开发的S波段主动雷达天线，装有弹头，带有触发引信。这个"大家伙"能够在低空和中空使用，发射后一旦导引头开始工作，它就可以自动搜索和跟踪目标。美国海军共生产了2580枚这种炸弹，并一直使用到20世纪50年代。

"蝙蝠"最早的发射平台是康维尔PB4Y-2B巡逻机，它是B-24系列的衍生型号。每架PB4Y-2B翼下能够携带1枚"蝙蝠"，后来它也被安装在F4U-4"海盗"战斗机、SB2C"地狱俯冲者"俯冲轰炸机、PBM"马丁水手"水上飞机、JM-1"掠夺者"、PV-1"文图拉"巡逻轰炸机以及PB-1"飞行堡垒"等飞机上。

"蝙蝠"第一次被使用是在1945年4月，2艘VPB-109中队的巡逻机在婆罗洲附近用该弹攻击了日本舰船。但是，由于当时主动搜索雷达的功能不完善，"蝙蝠"的攻击效果也比较有限，尤其是该导引头经常受到近岸杂波的影响，这极大限制了这种武器在菲律宾和印尼群岛海域的使用。作为现在被广泛使用的雷达制导反舰武器的前身，"蝙蝠"在武器发展史上还是有着非常重要的地位。

什么是主动雷达制导？

主动雷达制导是在鼻端装上缩小的雷达与天线，由于受天线的尺寸和发射功率的限制，这种雷达的有效追踪距离不高，据公开资料显示，一般的有效追踪距离在20千米左右。主动雷达制导导弹在发射前会由发射的载具设定雷达开启的时间，如果是在发射的同时雷达就已经开启，那么，导弹就可以利用自己的雷达讯号去追击目标，达到发射后不管的目的。

"蝙蝠"制导炸弹的结构

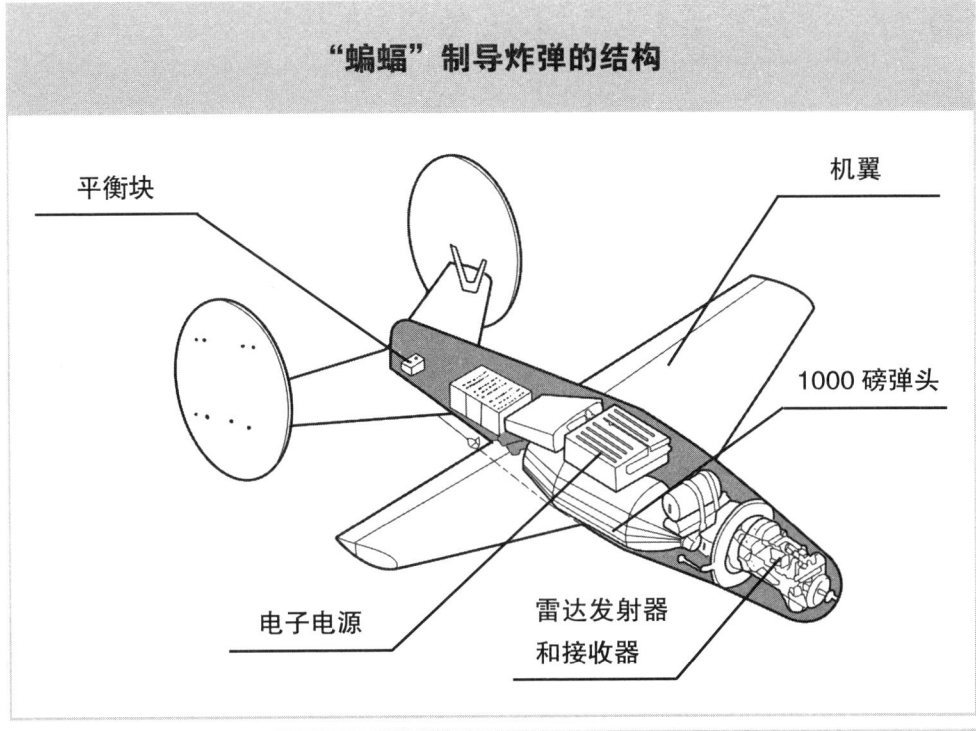

- 平衡块
- 机翼
- 1000磅弹头
- 电子电源
- 雷达发射器和接收器

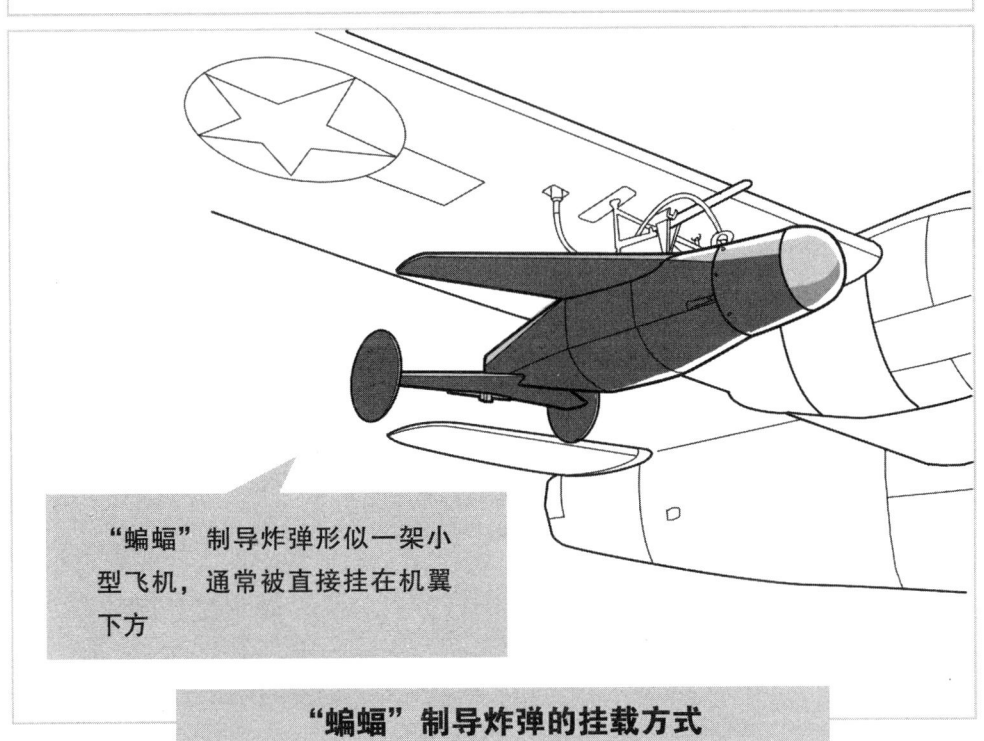

"蝙蝠"制导炸弹形似一架小型飞机,通常被直接挂在机翼下方

"蝙蝠"制导炸弹的挂载方式

蓝孔雀核地雷

当人们见识了原子弹的巨大威力之后，就尝试制造各式各样的核武器，甚至出现了核地雷这样的小型核武器。冷战期间，英国秘密研制了一种被称为"蓝孔雀"的核地雷，虽然名为地雷，其实它是一个重达7.2吨的庞然大物。

蓝孔雀核地雷由一个钚核和环绕在周围的高能炸药组成，钚核和高能炸药被一个厚厚的钢外壳密封起来，大小相当于一辆卡车。英国计划制造10枚蓝孔雀核地雷，并将这些核地雷埋设在西德北部广阔的平原下，或者隐藏在莱茵河水中。按照英国人的计划，如果冷战双方爆发冲突，位于冷战前沿的联邦德国必然会被庞大的苏联军队占领。待苏军占据后，英军用遥控引爆地雷，对苏军造成大面积杀伤力和放射性污染，以阻止苏军的前进。

蓝孔雀核地雷使用长达5千米的电线遥控，也可以设定8天以内的任意时间定时引爆。蓝孔雀核地雷还具有反破坏功能，一旦有子弹穿透钢壳，或者核地雷被人移动，甚至是弹体进了水，它都会在10秒之内发生爆炸，核弹当量为1万吨。地面爆破后，可炸出直径为114米的大弹坑，同样的弹量，埋在10米深的地下则可造成近200米深的弹坑。如果10枚核地雷同时爆炸，其威力将超过美国投放在日本长崎的原子弹威力的5倍！爆炸后产生的放射性物质将飘散到德国大部分地区，对德国造成严重的后果。

值得庆幸的是，由于蓝孔雀核地雷的破坏力实在惊人，再加上英国不想因此引发政治争端，该计划最后被迫"流产"。

为什么核地雷曾经备受重视？

核地雷可以以极少的人力、物力和时间，炸出难以弥补的巨大弹坑，对敌方机动部队起到阻滞作用。据美国效应试验证明：1枚相当于10000吨TNT爆炸威力的核地雷在地面上爆炸时，能制造直径为90米、深20米的大弹坑。它爆炸时构成的地形障碍和放射性污染能够很大程度上阻滞敌军的行动，迟滞敌方坦克群的前进。

核地雷是指装有核爆炸装置的地雷,也称原子爆破装置,属于战术核武器的一种。主要用于阻滞敌军的行动,有时也用来破坏敌后方的潜在军事目标,如机场、指挥所等

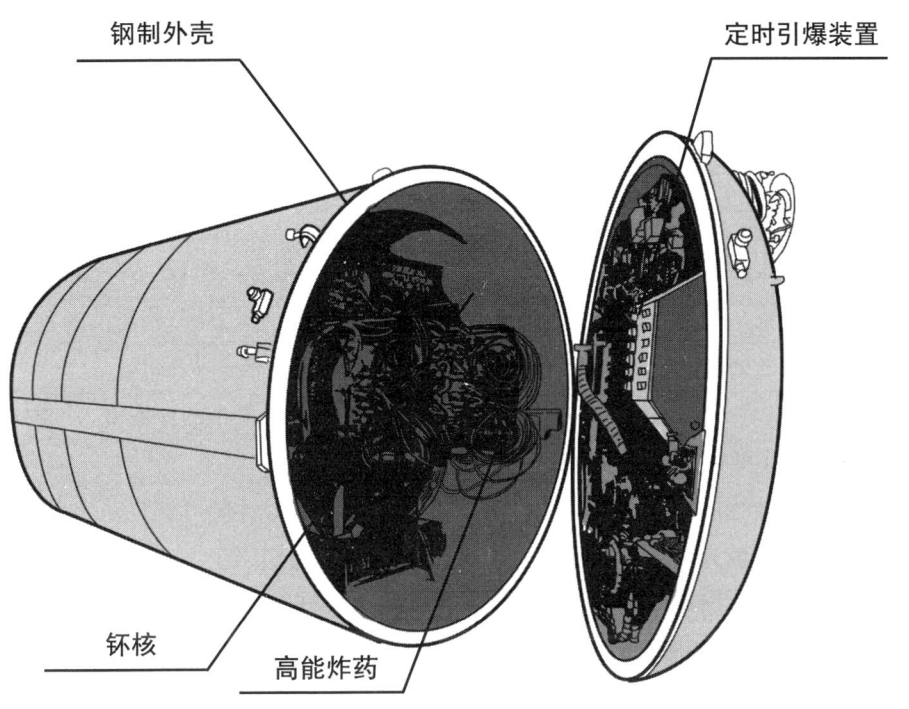

蓝孔雀核地雷的特点
·可设定8天以内的任意时间定时引爆
·具有反破坏功能
·威力巨大,相当于1万吨TNT炸药的爆炸威力
·会产生大量放射性物质

051 超频-6核地雷

在一些电影或漫画中，时常会出现一些能够大范围威胁人类安全的武器，如能够摧毁一座城市的太空炮、能够让数万人感染的超级病毒，甚至能够用手提箱携带的核弹。事实上，这些武器并非是空想。

不仅英国人制造了核地雷，苏联也曾制造过一种核地雷，而且与英国的蓝孔雀核地雷相比，外形更加小巧，更加易用。

苏联制造的这种核地雷名为超频-6，共生产了两种型号。超频-6一型的大小相当于一个手提箱。显然，与英国的蓝孔雀核地雷卡车般大小的外形相比，超频-6更加容易布设，也更难被发现、被排除。超频-6二型的尺寸进一步缩小。

超频-6核地雷就是传说中的手提箱核弹，它是世界上最小的核地雷，同时，也是极为少见的小型核武器，供克格勃和特种部队专用。

超频-6核地雷外形小巧，使用方便，仅需10～15分钟便可安装完毕。同时，它的威力是相当惊人的，1枚超频-6核地雷的爆炸威力相当于1000～2000吨TNT炸药的爆炸威力。据说苏联在哈萨克斯坦的沙漠中进行测试的时候，1枚1000吨当量的超频-6核地雷的爆炸威力能让周边半径800米的沙漠直接改变模样，所产生的冲击波和核辐射范围更是大得惊人。

苏联设计这种武器是作为战术用途，试想一下，如果将这样的武器在城市中引爆，产生的后果会是无法估量的。

美国总统的核手提箱

核手提箱是美国总统用来下达发射武器命令的装置。外表为一个黑色柔软皮包，皮革内是由专门制造的钛金属包装，总重量约18千克，安装有密码锁。手提箱内里安装有一部卫星信号发射接收器，具有电话保密功能，可以直接与五角大楼核战争中心和美国空军指挥部通信。通过这个手提箱，美国总统可以命令全国多处的秘密基地向指定目标发射核弹。

超频-6核地雷结构示意图

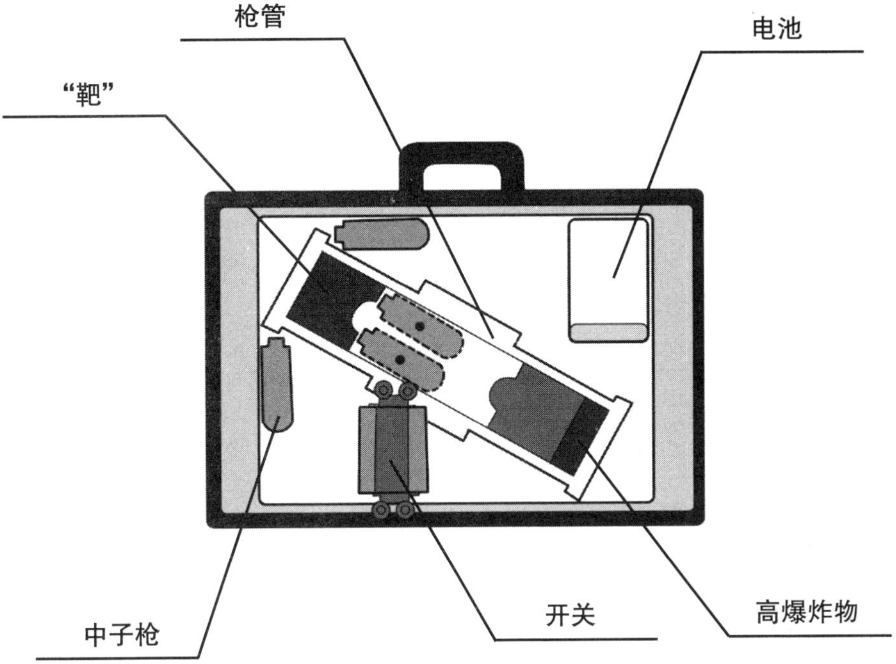

- 枪管
- 电池
- "靶"
- 中子枪
- 开关
- 高爆炸物

超频-6核地雷

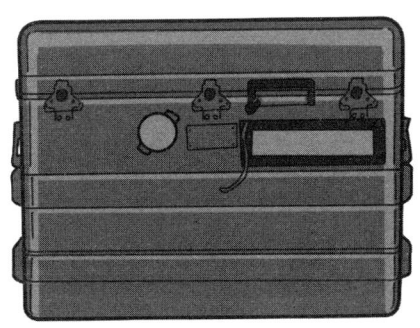

超频-6核地雷仅有一般手提箱那么大,是最小的核地雷,也是核武器小型化的极端产品。在试验中,1枚超频-6核地雷引爆后产生的爆炸威力足以能把周边半径800米的沙漠直接改变模样

"沙皇炸弹"

"沙皇炸弹"是苏联在20世纪60年代初制造的氢弹，一共制造了两枚。"沙皇炸弹"是人类有史以来制造的体积、重量和威力均最大的炸弹，它的设计爆炸当量为1亿吨TNT炸药，后来考虑到政治因素和对环境的严重影响，减半为5000万吨级。尽管被削减了一半的威力，"沙皇炸弹"的威力依旧是二战末期投掷于广岛的"小男孩"原子弹爆炸威力的3846倍。

虽然"沙皇炸弹"的威力巨大，但实际上苏联并没有要将这枚氢弹用在战场上的打算。

在"沙皇炸弹"的试爆中，爆炸造成的地震波环绕地球三圈仍能被仪器感知，整个亚欧板块甚至在这场爆炸中被移动了8毫米。整个爆炸规模在全世界所有已知爆炸事件中规模排名第二，仅次于导致恐龙灭绝的希克苏鲁伯陨石坑事件。

"沙皇炸弹"的威力的确大得吓人，但正因为它的威力过于巨大，苏联不得不面临一个尴尬的问题——他们手上没有任何一款远程轰炸机能载着这个25吨重的炸弹飞到美国，并在投弹之后飞出核爆的冲击范围，安全返航。当时试爆中使用的图-95运输机是将机体内的燃油槽与机腹炸弹舱门移除才完成了运送"沙皇炸弹"的任务，但在试验中仅需要飞到北极，而不是遥远的大洋彼岸。这也是"沙皇炸弹"无法投入实战的原因之一。

从此之后，苏联便停止了对更大型氢弹的研发。用苏联人的话来说："我们本来可以试爆更大的氢弹，只不过我们不想震碎自家的窗玻璃。"

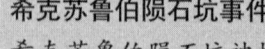

希克苏鲁伯陨石坑事件

希克苏鲁伯陨石坑被掩埋在墨西哥希克苏鲁伯村附近的尤卡坦半岛下面，这个远古陨石坑直径达170千米。这次撞击发生在大约6500万年前，当时有一颗大小像一座小城市的小行星与地球相撞，产生相当于100万亿吨TNT炸药的能量，在全球引起破坏性大海啸、地震和火山爆发。人们普遍认为希克苏鲁伯撞击造成的环境变化导致了恐龙的灭绝。

"沙皇炸弹"的结构

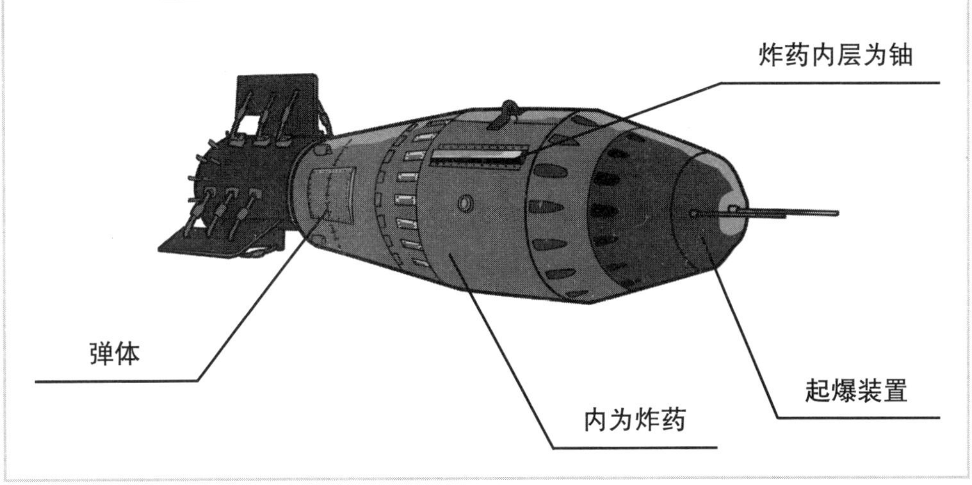

- 炸药内层为铀
- 弹体
- 内为炸药
- 起爆装置

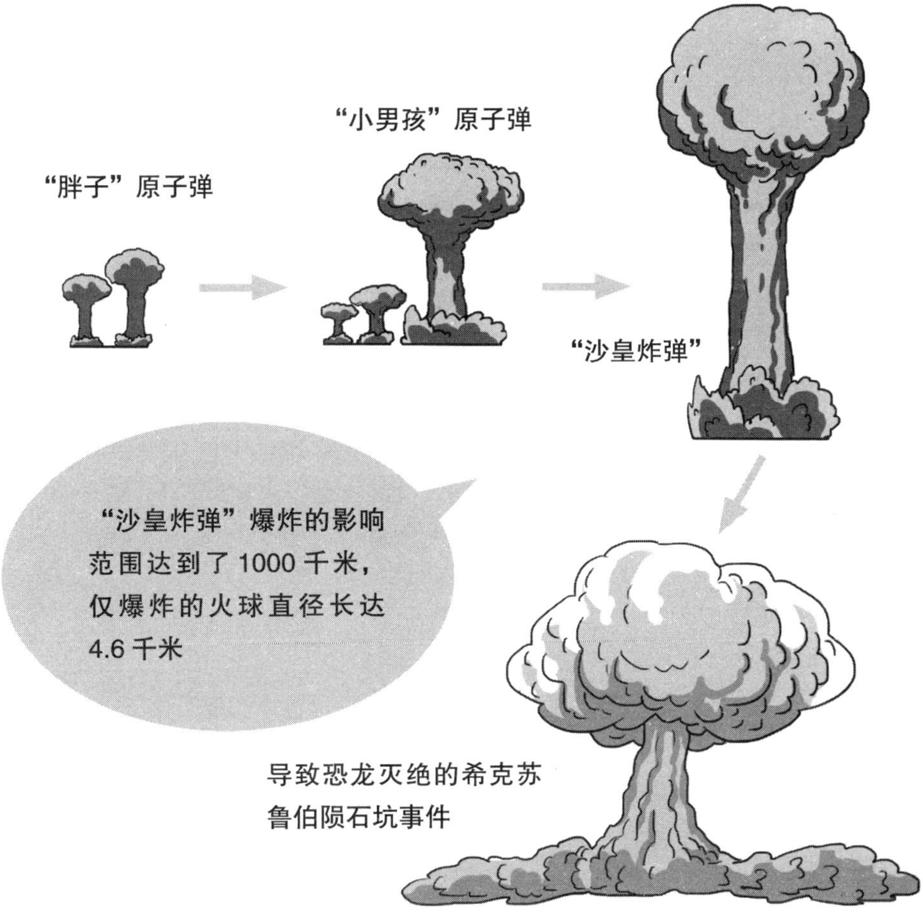

"胖子"原子弹 → "小男孩"原子弹 → "沙皇炸弹"

"沙皇炸弹"爆炸的影响范围达到了1000千米,仅爆炸的火球直径长达4.6千米

导致恐龙灭绝的希克苏鲁伯陨石坑事件

053 "炸弹之母"

美国制造的GBU-43/B大型燃料空气炸弹是一种非核子重型炸弹，由于威力巨大，被称为"炸弹之母"。所谓燃料空气炸弹，是由低点火能量的高能燃料装填的特种常规炸弹，使用时，将装有挥发性碳氢化合物的液体燃料弹丸发射或投掷到目标上空，在预定的时间内爆破容器、释放燃料，与空气混合形成一定浓度的气溶胶云雾。再经第二次引爆，可产生2500℃左右的高温火球，并随之产生区域爆炸冲击波，起到摧毁目标的作用。由于这种炸弹爆炸时的特点，也被称之为"气浪弹"或者"云爆弹"。

GBU-43/B炸弹弹长为9.17米，直径为103厘米，重量达到了9450千克。由于它的体积巨大，必须借助大型运输机投放。该炸弹是由全球定位系统引导的，并且是利用降伞投放，因此可以在更高的地方投下，准确性也更高。

GBU-43/B炸弹内装有大约8500千克的H6炸药。这种炸药的威力是TNT炸药威力的1.35倍。同时，它会迅速将周围空间的氧气"吃掉"，产生大量的二氧化碳和一氧化碳，爆炸现场的氧气含量仅为正常含量的1/3，而一氧化碳浓度却大大超过允许值，可造成局部严重缺氧、空气剧毒。在实战中，燃料空气弹本身所造成的杀伤力，其威胁远远小于给对方士兵带来的恐惧感。

虽然GBU-43/B炸弹经常被拿来与核武器比较，但实际上它的威力只有"小男孩"原子弹的千分之一。

为什么形容一些大威力炸弹会以"当量"作比较？

爆炸当量又称"TNT爆炸当量"，是指炸弹的爆炸造成的威力，即相当于多少质量单位的TNT爆炸所造成的威力。这是由于TNT每单位质量所产生的爆炸程度基本相同，所以以该种炸药作为爆炸当量的参考。

"炸弹之母"

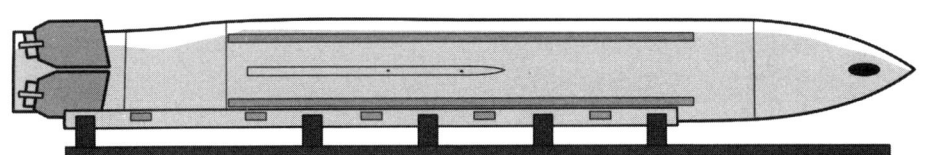

"炸弹之母"其实是一枚大型燃料空气炸弹,弹长为 9.17 米,直径为 103 厘米,重量达到 9450 千克

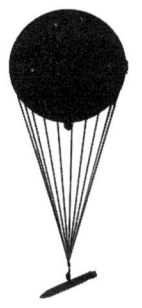

爆炸后迅速消耗周围的氧气

借助大型运输机投放

所爆炸区域含氧量降到极低

产生剧烈高温,对周围造成严重杀伤力

"炸弹之父"

　　2007年，在美国"炸弹之母"试爆成功四年后，俄罗斯军方对外宣称，他们成功测试了世界上威力最大的常规炸弹，甚至在名字上也与美国的GBU-43/B炸弹针锋相对，俄军技术人员称之为"炸弹之父"。这种代号为"炸弹之父"的武器通过飞机投放，其威力是美军"炸弹之母"的4倍以上。

　　按照俄罗斯总参谋部的说法，"炸弹之父"这种新型武器的威力已可同小型核武器相媲美了。

　　"炸弹之父"体内装有重7.8吨的新型高爆炸药，尽管总装药量比美军"炸弹之母"略少，但因其采用先进的炸药配方，因此威力反而更强，相当于44吨传统的TNT炸药爆炸后的威力，爆炸半径更达到330米，同"炸弹之母"相比几乎扩大了2倍。

　　根据公开的画面来看，"炸弹之父"爆炸后地面出现巨大弹坑，测试现场附近大楼也被完全摧毁。

　　从实质上来说，"炸弹之父"和"炸弹之母"一样，都属于大型燃料空气炸弹。爆炸时首先触发无氧爆炸和无氧燃烧，把炸药释放到空气中；随后发生有氧燃烧，产生高压冲击波和大量热能，用以摧毁武器装备和建筑物。燃烧过程会消耗大量氧气，造成缺氧状态，使爆炸区域内生物窒息而死。

　　俄罗斯采用了"两级引爆技术"。首先通过第一级引爆将炸弹主体送入空中，然后，再让其发生第二次爆炸来杀伤敌人。同传统武器相比，这种引爆方式产生的冲击波比超高温作用距离更远，爆炸后产生的局部真空环境更能加剧这种炸弹的破坏力，能让现场附近的各类生物"全部蒸发"。

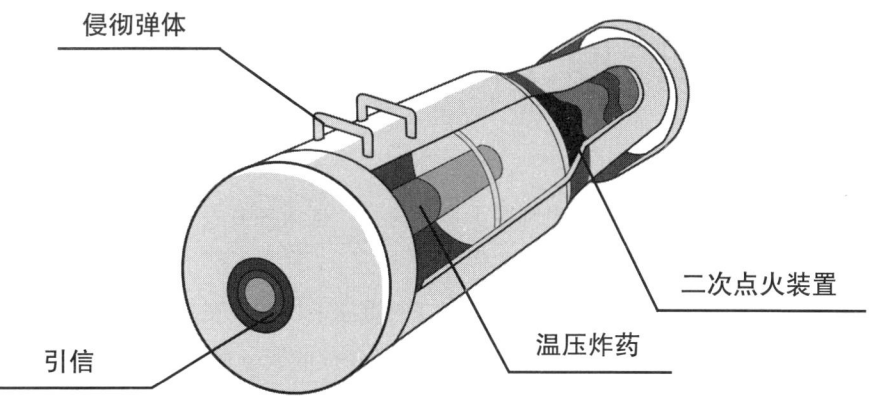

侵彻弹体 / 二次点火装置 / 温压炸药 / 引信

爆炸情形与"炸弹之母"相似

	"炸弹之母"	"炸弹之父"
质量	8200 千克	7100 千克
TNT 当量	11 吨	44 吨
爆炸半径	150 米	300 米
制导方式	GPS	无
精确度	误差 <13 米	误差 >100 米

从威力上来说，无疑是"炸弹之父"更胜一筹，但"炸弹之母"拥有 GPS 制导系统，精度更高

专题：原子弹和氢弹有什么不同？

说到核武器，自然会让人想到原子弹和氢弹，这两种被人们认为是迄今为止威力最大的武器，那它们之间有什么区别呢？

原子弹又称裂变弹，是利用较容易裂变的重原子核在核裂变瞬间发出巨大能量的原理而发生爆炸的。氢弹则是利用核聚变反应所释放的能量来进行杀伤和破坏。

原子弹的外形和普通生磅炸弹的形状是差不多的。不过，原子弹所用的炸药和内部结构是很特别的，它里面的炸药是用铀235或钚239等制成的，而且炸药是分成一小块一小块的，每块炸药都做成一定的形状，它们每块的重量都不能超过"临界质量"，否则它们就会自动爆炸！当把每一块炸药合起来时，就是一个球形或椭球形，质量也就超过临界质量，这时，原子炸药就会产生不可控制的链锁反应，而突然发生激烈的原子爆炸。

有了原子弹后，就可以制造氢弹。氢弹的炸药是用很轻的物质——氢的同位素（氘、氚等）制成。氢弹的炸药只有在上千万摄氏度的高温下，才会产生聚变热核反应，这时，氘核和锂在高温下结合成氦核，并放出比原子弹更大的能量和更多的中子。所以，要使氢弹爆炸，必须要供给它上千万摄氏度以上的高温，这种高温可以用原子爆炸来实现，因此，原子弹实际上又是氢弹的引爆装置。

氢弹的爆炸过程大致是：核裂变—核聚变—核裂变。它的核装料中，最外部是铀238，里面包裹着一个氢弹。它的特点是借助热核反应产生的大量中子轰击铀238，使铀238发生裂变反应。这种氢铀弹的威力非常大，放射性尘埃特别多，所以是一种"脏"的炸弹，具有了惊人的威力。

第五章
奇特武器

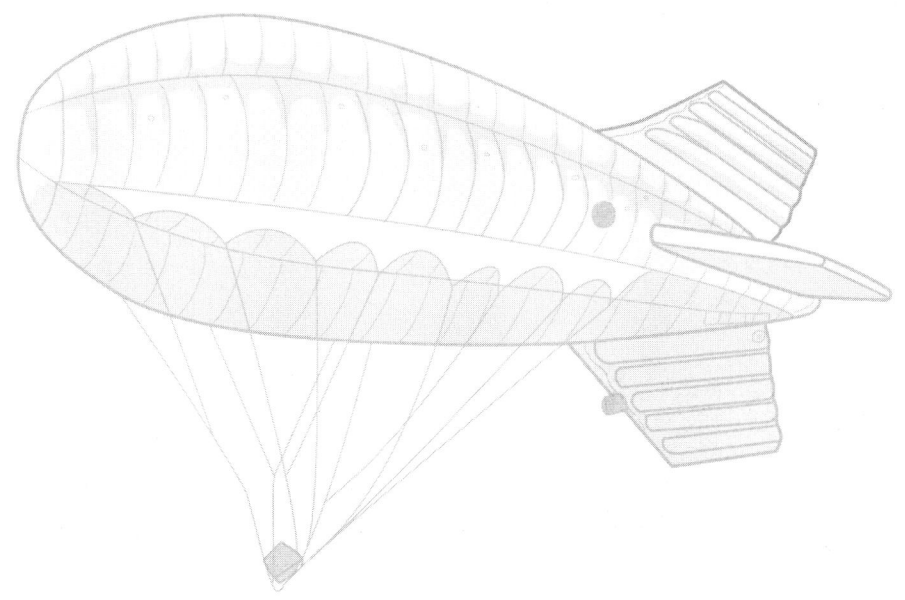

RF-8 军用雪橇

雪橇是一种在雪地上使用的运输工具。最初的雪橇都是木制，后来逐渐发展为由金属制作。作为雪橇发源地的西伯利亚地区，雪橇的使用非常广泛，甚至还曾发展出了雪橇武器。

二战爆发后不久，德国撕毁与苏联签订的《苏德互不侵犯条约》，开始进攻苏联。起初，德军的进展非常顺利，但好景不长，苏联寒冷的冬季来临了。

习惯了严寒的苏联军队趁着大雪向德军发起反击，在雪地中，苏联独有的 RF-8 军用雪橇远比笨重的德国坦克更加好用。这种依靠螺旋桨推进的雪橇速度很快，时速可以达到 50 千米。早期的 RF-8 军用雪橇由 GAZ-98 型发动机提供动力，其动力为 50 匹马力，后来改为使用 GAZ-98K 型发动机，动力提高到了 110 匹马力。

RF-8 军用雪橇的结构并不复杂，是将一个小型的车厢搭载在两根雪橇上，车厢上安装了座椅，车厢后部搭载发动机和螺旋桨。在行进时，发动机带动螺旋桨高速运转，由此产生推力推动雪橇前进。RF-8 军用雪橇的操纵方法很像驾驶汽车，不过，由于行进装置是雪橇，而不是轮子，转弯的时候略显不便。

苏军在 RF-8 军用雪橇上安装了各种小型武器，如苏联的 DP 轻机枪或其他机枪，同时，还搭载了一定数量的手榴弹，以便士兵在发现敌军后进行攻击。

虽然被用于作战用途，RF-8 军用雪橇本质上仍然是一种雪地运输工具，它也可以用于侦察、巡逻、运送伤员、通信等其他用途。

为什么雪地中更适合雪橇行驶？

在雪地中，雪本身的摩擦力比较小，而且雪地比较松软，如果使用车子，轮子就会陷进雪地，雪橇板受力面积大，在压力一定的情况下，压强就小，不会陷入雪地，因此，在雪地中，雪橇是比车辆更合适的交通工具。

RF-8 军用雪橇

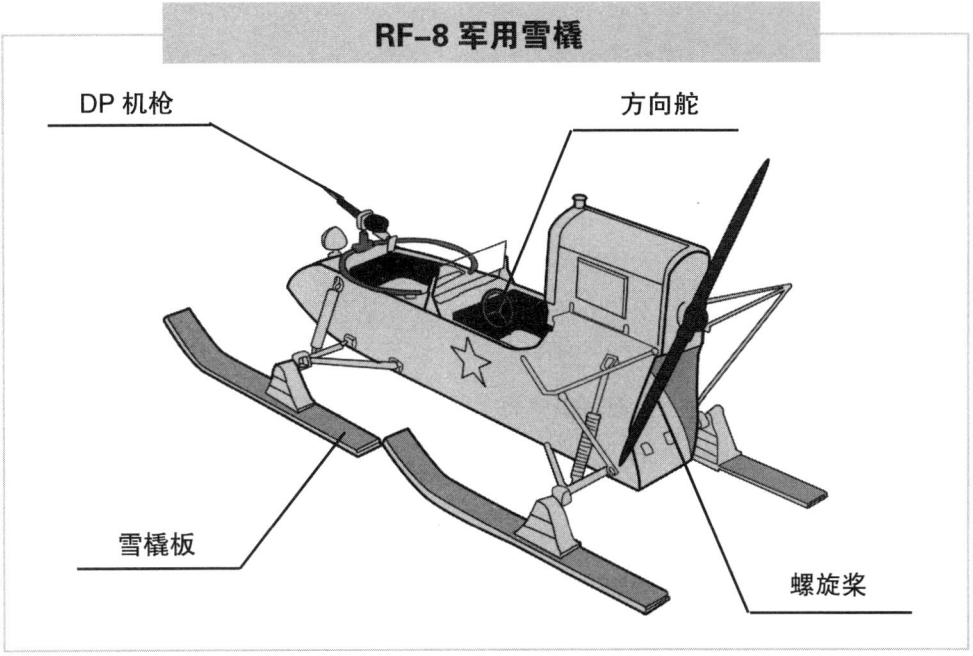

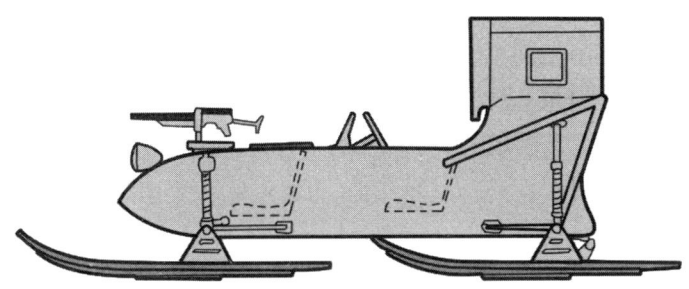

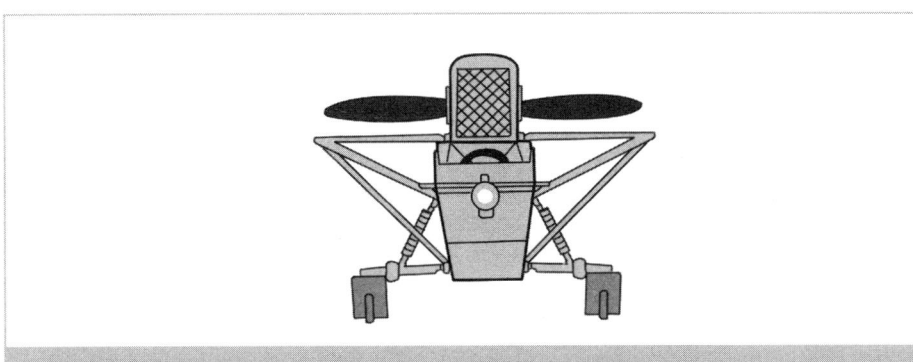

RF-8 军用雪橇是由多根金属雪橇板制成，通过悬挂系统连接车厢，借助螺旋桨获得前进的推力

056 刺猬炮

在二战中，德国的潜艇对盟军军舰和商船构成了严重威胁，为了保护舰船免受德国潜艇攻击，盟军研制了大量反潜武器，其中就有刺猬炮。

刺猬炮，也叫刺猬弹，是二战时加拿大人查尔斯带领英国皇家海军的杂项武器发展指导部发明的反潜武器。

刺猬炮的发射方式是一次发射多颗瓶塞臼炮炸弹，这些炸弹落水后会急速下沉，与当时常用的反潜武器——深水炸弹不同，它采取触发式引信，只有在碰触到物体时才会爆炸。刺猬炮每次投弹量较多（一般为24颗），可以覆盖数百平方米的水域，一颗炸弹爆炸的冲击波也会引爆周围所有的炸弹，所以，它比深水炸弹的反潜效能高。

1941年，英国海军首次在爱尔兰海上以驱逐舰发射测试，于1942年11月18日投入实战，随后，成为了反潜作战中的制式武器。

1943年，英国皇家海军在刺猬炮的基础上改进出了新武器——乌贼炮。它由一座发射管组成，发射管的固定仰角为45°，能够向垂面两侧倾斜15°，以防舰艇左右摇摆。乌贼弹落下时呈三角形散布。这种武器是与144Q测深声纳联合使用，引信的定时装置在临发射之前装定，使乌贼弹在预定深度上爆炸。乌贼弹每个重172千克，装有铝末混合炸药45.4千克，长为175厘米。1944年8月，英国海军第二护航大队的"基林海湖"号使用乌贼炮击沉了德国U-736号潜艇。

德国的U型潜艇

U型潜艇是德国在两次世界大战时期使用的潜艇。由于德国潜艇的编号都用德文"Untersee-boot"（意思为"潜艇"，按照英文直译写法为Undersea boat，简称U-boat）的首字母U加数字命名，如U-511。为了区别于同盟国的潜艇，在英语里使用"U-boat"来称呼德国潜艇。

普通深水炸弹	刺猬炮
投入水中后，下沉到一定深度会自动爆炸	沉入水中后，遇到物体触发爆炸，触发一颗后会引起连环爆炸

刺猬炮发射后，落水爆炸的情形

057 防空气球

在许多描述两次世界大战情景的照片上，会发现很多城市上空都漂浮着类似飞艇的飞行物，但其实它们不是飞艇，而是气球。这些气球是一种防空设施。

防空气球最早出现在一战期间，英国为对付德国的临空轰炸，在英伦三岛上空布满了防空气球。它们为保卫英国立下了汗马功劳。大战结束以后，由于气球在战争中奇特的作用，许多国家都很重视利用气球来作为防空的武器。

1938年，英国建立了皇家空军气球部队来保护城市或重要地区，如工厂区、码头或海港。防空气球会影响俯冲轰炸机的飞行高度（约1500米），减少高射炮瞄准所需的时间（因为战机越远，高射炮需要移动的角度越小）。到1940年，皇家空军气球部队已拥有1400个气球，其中，三分之一的气球部队被部署于伦敦地区。

虽然俯冲轰炸机对不设防的目标（如格尔尼卡和鹿特丹）的攻击效果非常好，然而，对战斗机的抵抗性很差。因此，德军转而使用高空轰炸机。德国的高空轰炸机使防空气球可发挥的作用越来越小。尽管如此，英国还是继续制造防空气球，直到1944年，防空气球的数量已有接近3000个。另外，防空气球对飞行高度只有600米的V-1导弹也起到了比较好的防范作用，但当V-1导弹装上切线器后，防空气球的抵抗效果越来越差。

许多轰炸机后来都配备了切割金属线的设备。英国大量使用防空气球进行防范，这迫使德国必须安装切割金属线的设备。其中，最优秀的一款是机翼前缘的一个C型小设备。当金属线顺着机翼走到设备里时，会引爆一小团炸药并推动切线器切断金属线。

防空气球

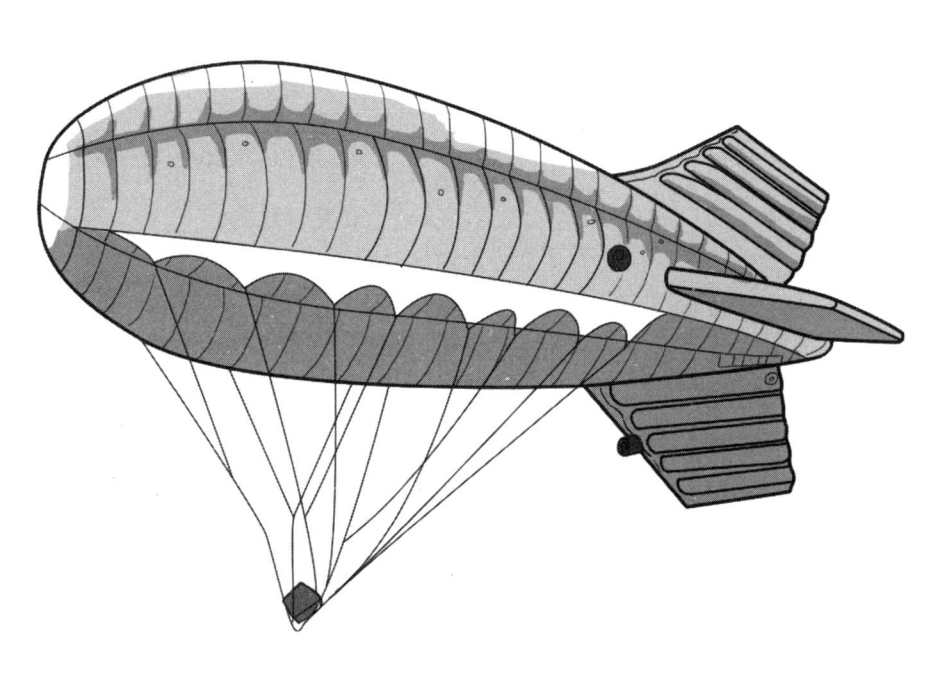

随着高空轰炸机的出现,防空气球所能起到的效果变得十分有限,同时,德国人也开始为轰炸机配备切断金属线的设备,令防空气球的防范效果进一步降低

防空气球的结构
外形如同飞艇
金属线
表面为薄金属板

喀秋莎火箭炮

喀秋莎火箭炮是苏联在二战中大量使用的多管自行火箭炮。相对于传统火炮，这些多管火箭炮能迅速地将大量的炸药在短时间内倾泻于目标处。

喀秋莎火箭炮的构造十分简单，是将多管火箭炮安装在军用卡车上，改造卡车的车厢，铺设可以调节方向的支撑架，装上火箭炮和发射滑轨。

喀秋莎火箭炮的滑轨床共有 8 条发射滑轨，每条滑轨上下各悬挂一枚火箭弹，可发射口径为 132 毫米的火箭弹共 16 发，最大射程为 8.5 千米，既可单射，也可部分连射，或者一次性齐射。火箭弹的战斗部分的弹体内是 TNT 炸药，由于在发射时所承受的过载远低于身管火炮，所以火箭弹的炸药装填系数高于普通炮弹，因而一枚 132 毫米火箭弹的爆炸威力和一枚 152 毫米榴弹相当。

药筒部分是由 7 根管状发射药筒组成。装填一次齐射的弹药约需 5 至 10 分钟，一次齐射完成仅需 7 至 10 秒，运载车时速 90 千米。该炮射击火力凶猛，杀伤范围大，轰炸范围达 8000 米^2，是一种大面积消灭敌人密集部队、压制敌火力配系和摧毁敌防御工事的有效武器。

1941 年 7 月 14 日，苏军组建的第一个火箭炮连的 7 辆 BM-13 向斯摩棱斯克附近的被德军占领的奥尔沙火车站进行了一轮齐射。短时间内射出的一百多枚火箭弹，致使驻守该地的德军第 5 步兵师损失惨重。由于炮击力量过于迅猛，以致于德军当时以为遭到了一个苏军炮兵师的攻击。

由于火箭炮这种新型武器的资料在当时是严格保密的，士兵们也不知道它的正式名称，仅发现炮车上印有字母"K"，这是沃罗涅日共产国际工厂出厂时的标记。于是，根据这个字母"K"，把该武器命名为"喀秋莎"，这个别名迅速在苏军部队里传播开来，德军则称之为"斯大林的管风琴"。

喀秋莎火箭炮

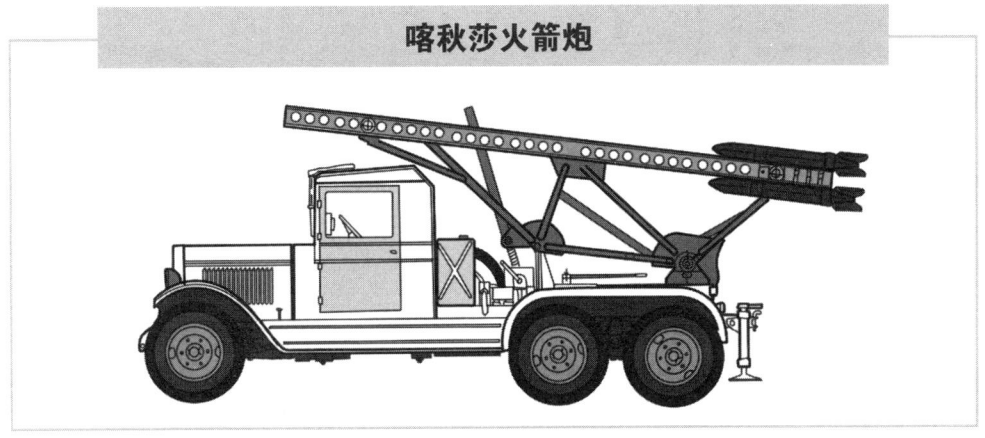

自行火炮

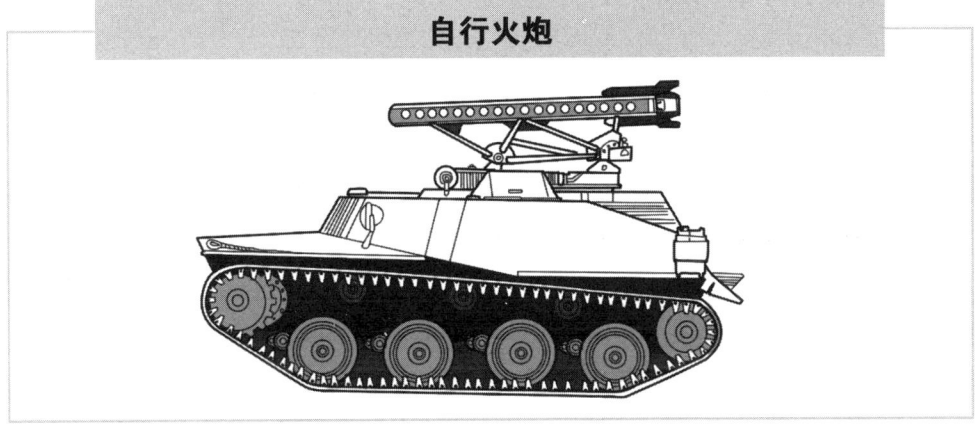

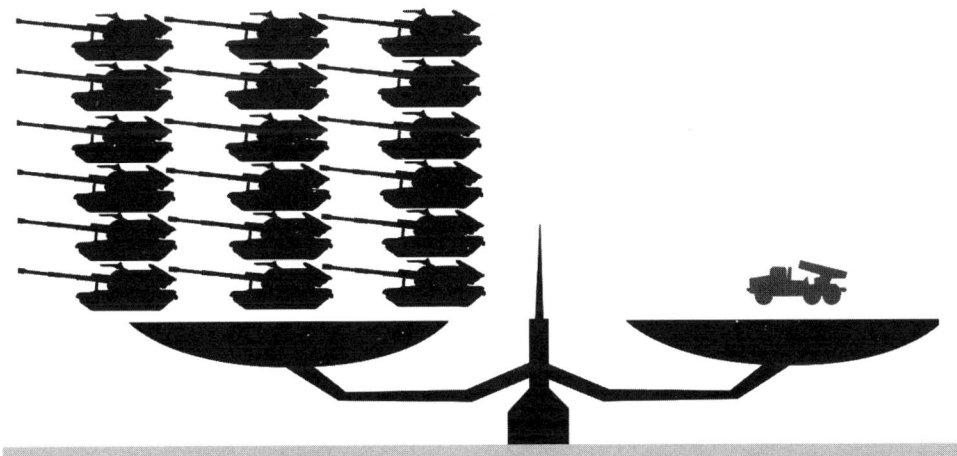

一辆喀秋莎火箭炮的火力大约相当于18辆自行火炮同时进行密集射击的威力

SR-71 黑鸟式侦察机

SR-71 黑鸟式侦察机从 1966 年进入美国空军服役，至 1998 年退役为止，在长达 30 多年的时间中都是执行美国战略航空侦察任务的主力飞机。SR-71 上使用的是当时最先进的技术，能高速躲避敌机与防空导弹。

在 SR-71 之前，U-2 是美军的主要战略侦察飞机，但 U-2 在苏联境内执行侦察时，曾经被击落，因此，美军迫切需要一种能够以高速摆脱导弹的超音速侦察机。

然而，通常马赫数达到 2.5 时就已经是"热障"的界线。所谓"热障"，就是飞行器高速飞行时能保证自身安全的速度临界值，低于这一值，气动加热不严重，可用常规的方法和材料设计、制造飞机；高于该值，则必须采取克服气动加热问题的措施。

要实现高速飞行，显然，用来制造飞机的铝合金是无法达到要求，因此，SR-71 的机体有 85% 选用了钛合金，以提高耐热程度。

同时，机体的形状被设计成十分平滑的形状，以减少空气阻力和雷达反射截面，这也是早期的隐身设计的特点。讽刺的是，由于 SR-71 本身目标庞大，加上飞行时的高温，它成为了美国联邦航空总署在远程雷达方面最大的侦察目标之一，在几百千米外就能被追踪到。即使采用了大量的隐身技术，但是其在高速飞行时产生了红外特征，因此，它实际上不具备完全隐身功能。不过，SR-71 凭借其极快的飞行速度，成功地摆脱了上千次针对它的攻击，其中，这些攻击绝大部分都来自苏联的飞机和对空导弹。

SR-71 黑鸟式侦察机

作为 U-2 之后美军的主力战略侦察机，SR-71 的飞行速度快得惊人，是当时世界上飞行速度最快的飞机

U-2 侦察机

侦察能力非常强大，但飞行速度比较慢，曾多次被苏联识别并击落

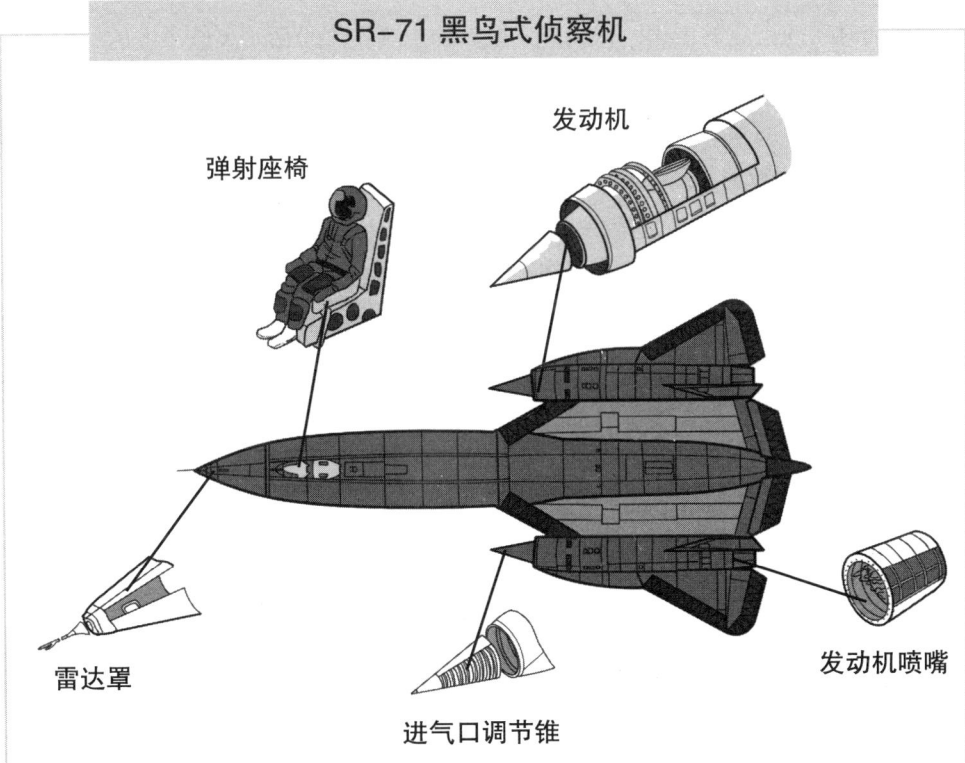

虽然 SR-71 兼具了隐身设计，但它在高速飞行中会产生几百摄氏度的高温，因此，并不具备完全隐身能力

骨架坦克

骨架坦克是美国在一战末期开发的武器，"骨架"得名于它的外形，与其他坦克包裹严密的车身不同，它的外形看上去就像是一个框架，特征非常明显。

对于如此与众不同的外形，研制该坦克的美国先锋拖拉机公司的设计师解释称："（这样的设计）不仅易于拼装和运输，而且难以被敌军的枪弹或炮弹击中。即使少量的钢管被折断，坦克仍然可以正常作战，更换的难度也不高。也正因为坦克采用钢管做为支架，无论从哪个方向，都可以透过坦克的支架看到后面的物体。这使得敌人从远处能看到的仅仅是一些管子和钢板，而难以发现这是一辆坦克。"

和同时期的坦克的用途一样，骨架坦克的主要作用是用于突破敌方的壕沟。在骨架坦克问世之时，英国、法国已经先后研制出了自己的坦克，尤其是英国的坦克对跨越壕沟方面的要求非常高，为了提升越野能力，通常会将履带和车体的行进装置设计成巨大的菱形，以提高履带和地面的接触面积。

骨架坦克也是如此，它的侧视图呈菱形，一个方形的战斗室悬在履带支架之间，战斗室表面安装了 12.7 毫米厚的装甲。按照最初的设计，战斗室上原本是安装一门 37 毫米火炮，但实际制造出的样车上安装的是一挺 7.62 毫米口径的机枪。在动力方面，这款坦克由 2 台动力为 50 匹马力的海狸式 4 缸发动机驱动，最大时速为 8 千米。由于除了履带和支架外，所有的部件都离地至少 1 米，这款坦克对地压强较小，涉水能力极佳。

1918 年 10 月，骨架坦克通过各项测试，计划投入使用，可这时，一战结束了，美国军方也对这款坦克失去了兴趣。

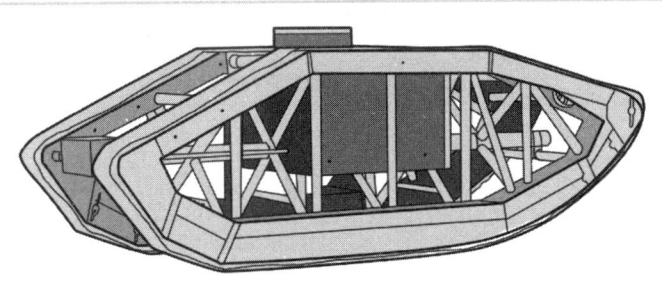

骨架坦克在设计中考虑到轻量化设计，大量采用了钢管构成车身主体，整车全重仅有8.2吨

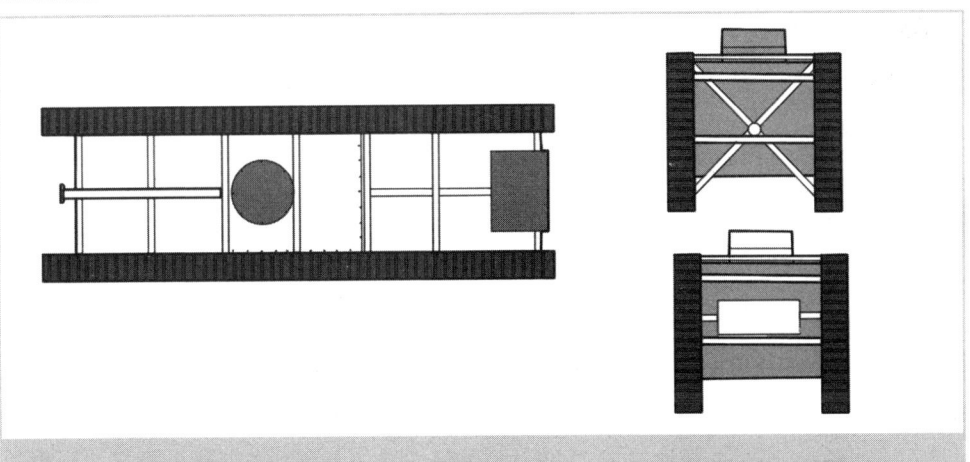

中间的战斗室中分为发动机室和乘员室，向后伸出部分为排气管，向前伸出部分为7.62毫米口径机枪

骨架坦克

英国MK.I坦克

和英国MK.I坦克相比，骨架坦克的重量仅是MK.I坦克的1/4

129

Char 2C 超重型坦克

  Char 2C 超重型坦克是法国在一战末期设计的一款坦克，它甚至比德国的"鼠"式坦克还要稍微大一些。

  一战中，随着坦克被正式投入使用，与德军陷入僵持中的法军试图制造一种超级坦克。1916 年 10 月，法国的地中海冶金造船厂开始了对超重型坦克的研制，并于 1917 年 1 月提交了第一种原型车——1A。该种原型车共制造了 3 辆。它装备了 105 毫米火炮，重 40 吨。之后，在一个以攻击炮兵司令艾斯蒂安为首的委员会的要求下，该坦克重量变成了 70 吨，并且由 75 毫米火炮替换了原有的 105 毫米火炮，新型号被命名为 Char 2C 超重型坦克。

  到一战结束时，法国共生产了 10 辆 Char 2C 超重型坦克，但由于战争结束，这些坦克并没有派上用场。

  二战爆发时，法国军队中仍保留有 6 辆 Char 2C 超重型坦克，并在 1940 年德国入侵法国的战争中投入使用。这些坦克分别以法国各个地区命名，主要是用于宣传目的，实际并没有参加战斗。并非法国人不想让它们参加战斗，而是由于它的发动机效率低下，Char 2C 超重型坦克在公路上也只能达到 15 千米 / 时的速度。出于对传动装置的保护，在大多数情况下，Char 2C 超重型坦克都要依靠其他特殊的运输器材来运输，这严重限制了它的作用。

  最终，由于法军在战争中处于被动局面，法军指挥官为了防止 Char 2C 超重型坦克落入德军手中，决定把它们通过铁路送往南方，但途中铁路被堵，于是只好就地炸毁。

Char 2C 超重型坦克

全长：10.27 米

宽度：3 米

全高：4.09 米

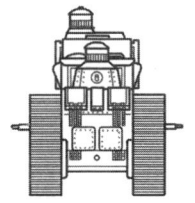
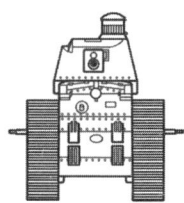
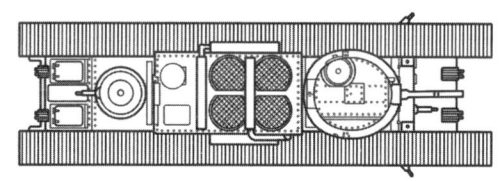

无法得到实用的原因：
发动机效率低下
速度低，越野能力差
运输难度大

M50A1 联装自行无后坐力炮

M50A1 联装自行无后坐力炮是美国在 20 世纪 50 年代使用的一种反坦克无后坐力炮。M50A1 联装自行无后坐力炮搭载于 M50 式奥图斯轻型履带车上，车身上部共联装搭载 6 门无后坐力炮，构成火力强大的反坦克火力车，因此，M50A1 联装火炮塔也有一个"六爪精灵"的外号。

在结构方面，M50A1 联装自行无后坐力炮的车体上部左右各有一个 40° 旋转炮架，每个炮架上安装 3 门联装火炮，此外，还有机枪作为副武器供使用。所搭载的火炮口径为 106 毫米，使用破甲弹时初速 503 米/秒，最大射程为 7700 米。无后坐力炮在发射时高压气体会从炮管后部排出，因此，产生的后坐力极小。

M50A1 联装自行无后坐力炮交付部队后，被全部配属给美国海军陆战队的反坦克营。M50A1 联装自行无后坐力炮列装后，先后参加了美军入侵多米尼加的战斗和越南战争。

1965 年 4 月，多米尼加的一批爱国军官发动军事政变，推翻了亲美的卡夫拉尔政权。美国以镇压"叛军"为由，迅速出兵多米尼加。只用了几天的时间，就出动了 35000 名士兵，攻占了多米尼加各战略要地。其中，美海军陆战队的第 6 海军陆战师充当急先锋，所装备的就是 M50A1 联装自行无后坐力炮，在对抗多米尼加军队装备的瑞典 L-60 轻型坦克和法国 AMX-13 轻型坦克时，占据压倒性优势。这是 M50A1 联装自行无后坐力炮的第一次实战运用。

越南战场上的 M50A1 联装自行无后坐力炮一般作为支援步兵的火力使用，但受到越南地形环境的影响，并不适合使用装甲车辆，在越南战场上的 M50A1 联装自行无后坐力炮并没有起到多少作用。

随着使用更加方便、威力更强的反坦克火箭被研制出来，M50A1 联装自行无后坐力炮很快便退役了。

M50A1联装自行无后坐力炮的联装炮管,为三联装一组,左右两侧各装有一组,共计6门

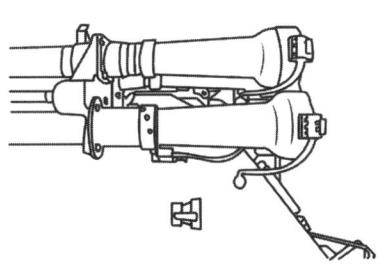

M50A1 联装自行无后坐力炮

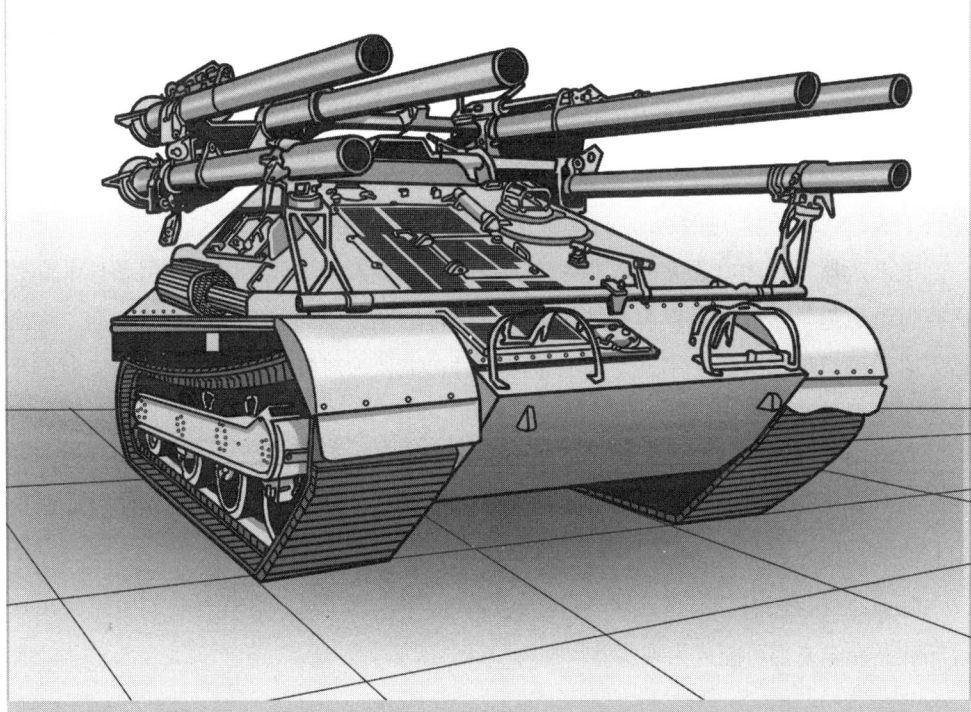

六联装的 M50A1 联装自行无后坐力炮可以连续发炮,直到打光全部18发炮弹。但是,一旦炮弹打光,就需要人力在车外进行补给,但装填士兵并没有安全保障

专题：未来武器会是什么样？

随着科技的不断进步，未来人类所使用的武器必然会越发富有科幻色彩，如隐身武器、智能武器、电磁武器等均已经处于使用初期或者正在研制的过程中。

隐身武器就像隐身飞机一样，是利用现代科技手段对武器进行了"隐身"处理，使敌方通过侦察手段很难发现，从而加强武器的突防能力和生存能力。就目前的发展水平而言，已经出现的隐身武器有隐身飞机、隐身战舰、隐身坦克等。

智能武器是能够自动对目标进行识别、追踪的武器系统。如今已经有一些智能武器进入了测试阶段，如美国研制的智能子弹。智能子弹使用滑膛枪发射，类似于老式的火枪，但它采用了多个尾翼来保持子弹在飞行中的稳定性，配有能调节尾翼边缘的驱动机构，驱动机构由子弹内置电脑控制，子弹顶部有一个光学感应器，让计算机感知目标的位置，这些装置由锂电池供电。智能子弹发射出去之后，只要狙击小组中的的观测员使用红外激光照射目标，光学感应器就能引导子弹飞向目标。因为人眼看不见红外光线，目标人物自然无法发现红外激光，子弹内置电脑能依据红外激光的反射光线，一秒内对尾翼进行30次调整，即便移动目标也无法躲避智能子弹的追踪。也就是说，这种智能子弹其实就是一种能够用枪发射的小型导弹。

电磁武器是利用电磁力的武器系统。在两次世界大战中，法国、德国和日本都曾研究过电磁炮。二战结束以后，其他国家也进行过这方面的研究。在冷战时期，电磁炮曾是美国"星球大战"军备计划的重点项目，被视为对抗核弹的秘密武器，但由于受当时技术条件的限制，该项目最终被迫中断。美国军方于2005年重新启动电磁炮研究，与美国通用原子公司联合进行电磁炮的研究。通用公司所研制的电磁炮已经配备在军舰上并完成了试射，电磁炮发射的炮弹以极高的速度击中200千米远的目标，射程为海军常规武器的10倍。

除此之外，还有等离子武器、自然武器、太空武器等各式各样在科幻电影中出现过的武器在未来都可能成为现实。

第六章
其他武器

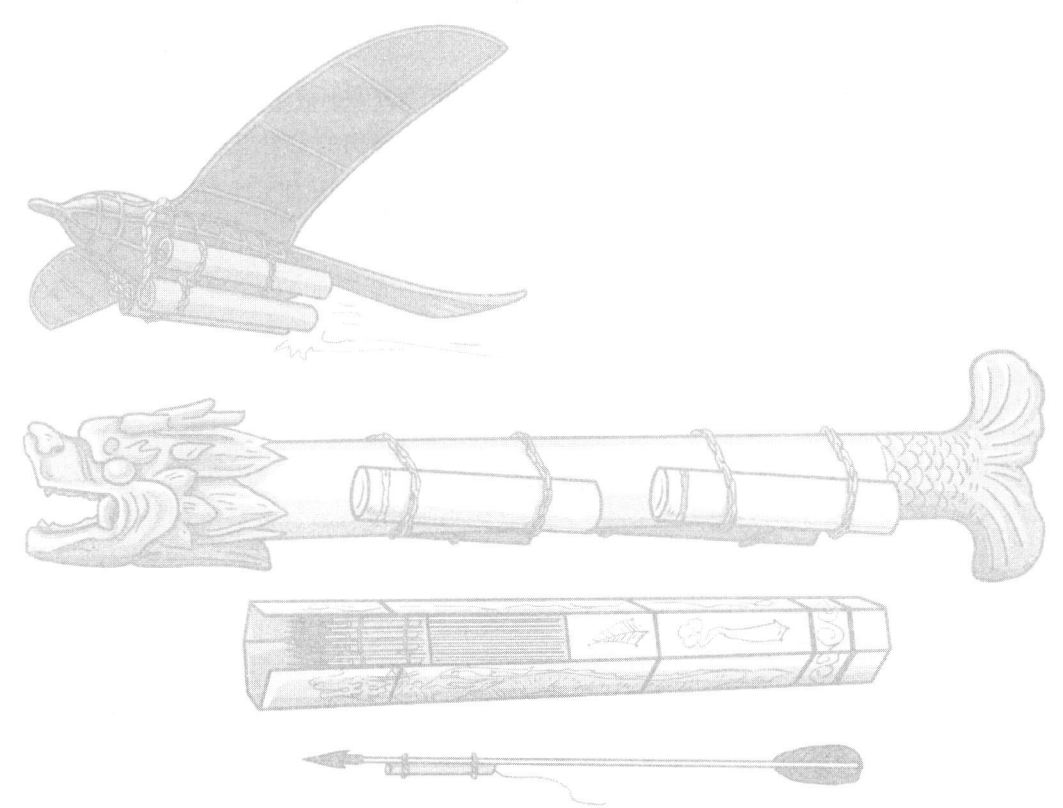

M-388 核火箭筒

冷战时期，苏联庞大的装甲部队对西方国家构成了严重威胁。西方国家在不断研制能够与苏联装甲部队匹敌的坦克的同时，也在尝试一些能够大范围摧毁苏联装甲部队的武器。美国的 M-388 核火箭筒就是在这样的背景下问世的。

M-388 核火箭筒是美军在冷战时期装备的当时世界上最小的核武器，它最大的特点就是能发射 W54 核弹头。这种核弹头重约 23 千克，杀伤范围达到了数千米。

M-388 核火箭筒的发射管有两种口径：120 毫米的 M28 型和 150 毫米的 M29 型。前者的射程为 2 千米，后者的射程是前者的 2 倍。M28 型所用的核弹头威力较小，相当于 10 吨 TNT 炸药的爆炸威力，而 M29 型的当量相当于 20 吨 TNT 炸药的爆炸威力。

M-388 核火箭筒的发射小组由三人组成：一人负责架设发射筒支架（是一个类似于炮击炮架的三脚支架），另一个人负责瞄准、发射，第三个人则负责装填核弹头。需要注意的是，这些操作核武器的人当时并没有完备的防生化服，而是穿着和普通士兵一样的军装。

M-388 核火箭筒被誉为 20 世纪"最愚蠢的武器"。考虑到核武器的杀伤范围很广，若没有合适的防御掩体和防护设施的话，M-388 核火箭筒的发射组员不太可能在发射出一枚 M-388 后存活，因为，此武器的杀伤范围（辐射、热能、冲击波、碎片等）大于它的射程。

另外，苏联在二战后研制的 T-54 坦克是冷战初期威慑西方的主要装甲力量，在 T-54 的改进型号中，苏联已经为其加入了核生化防护装置，能确保坦克乘员在核辐射地带的安全。从这个角度来说，M-388 核火箭筒根本不可能起到应有的杀伤效果。

M-388核火箭筒

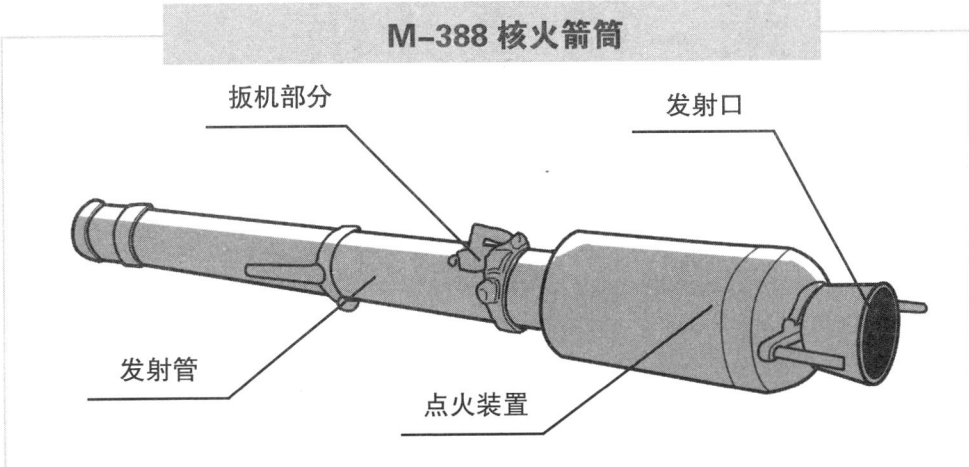

M-388核火箭筒的结构与一般的火箭筒或者无后坐力炮并没有明显区别，但是由于发射的是小型核弹，让人们误以为这是一种威力巨大的武器，实际上，它的威力体现在下图的W54核弹头上

W54核弹头

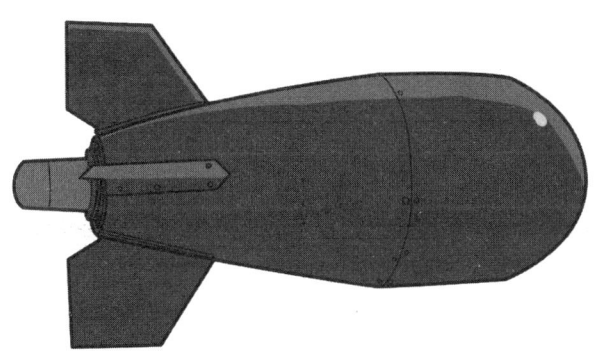

M-388核火箭筒使用的是W54核弹头，这种150毫米口径弹头爆炸当量相当于20吨TNT炸药的爆炸威力

米-12 直升机

米-12 直升机是有史以来制造的最大的直升机。

1961年，苏联军方向米里设计局提出了设计一种大型直升机的需要，军方要求这款直升机应该具备 20～25 吨的运输能力，尺寸应当同安-22 运输机的大小相仿。这款直升机在研制中的代号为米-12，其目标是能够运输 8K67、8K75 和 8K82 型洲际弹道导弹等大型装备。

为了能达到要求，米-12 直升机采用了并列双旋翼布局，全长达到了 37 米，高度有 12.5 米。想让如此庞大体形的直升机升空显然不是一件容易的事情，而苏联军方的要求又过于激进，该型直升机的研制过程遭遇了重重的困难，但通过苏联科研人员的积极攻关，生产出了第一架样机。该机于 1967 年 6 月 27 日首飞，但由于控制问题，这次试验以失败告终。

在经过多方面的改进之后，米-12 直升机于 1968 年 7 月 10 日首飞成功，第 1 架原型机获得了 CCCP-21142 的编号。1969 年 2 月，这架原型机将 31 吨的重物吊到了 2951 米的空中。1969 年 8 月，CCCP-21142 号机再次成功将 44 吨的重物吊到了 2255 米。

米-12 直升机创造了多项世界纪录，它的设计者们也获得许多奖励。尽管它取得了如此多的好成绩，但苏联空军最终拒绝接收这种飞机，其最主要的原因是米-12 直升机最初的重要任务是快速部署洲际导弹，但随着导弹发射技术的进步，已经不需要通过直升机来进行运输，米-12 直升机也就没有了存在价值。

1974 年，米-12 直升机的所有研制工作被迫停止，这种世界上最大的直升机在历史上仅仅昙花一现。

米-12 直升机

作为有史以来最大的直升机,它的全长达到了 37 米,高度为 12.5 米,大约相当于 3 层楼的高度

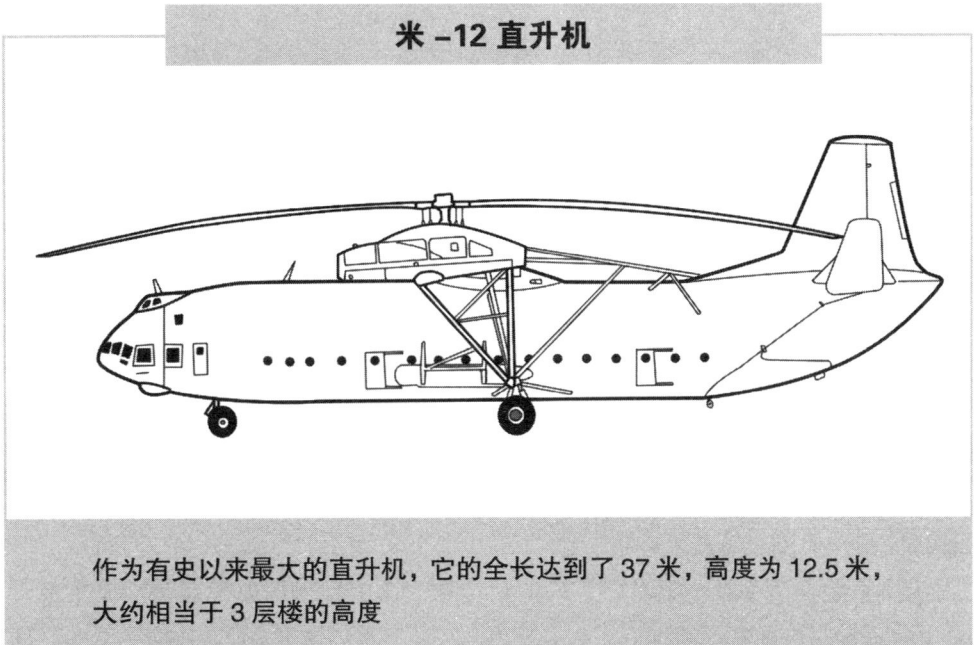

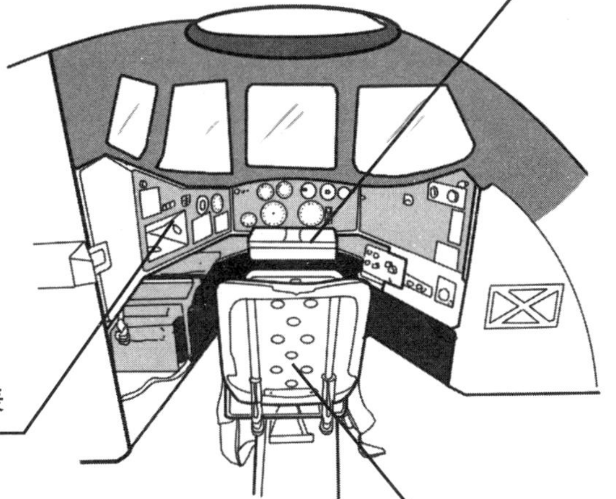

操纵杆

电子仪表

驾驶席

米-12 直升机的驾驶舱

伊400级潜艇（1）

太平洋战争中后期，美国海军的战舰性能已全面超越日本，但伊400级潜艇却是一个例外。

在中途岛海战之后，日本联合舰队遭到了重大打击。作为当时联合舰队指挥官的山本五十六开始将目光转向能在海底悄无声息航行的潜艇。考虑到潜艇对陆上目标的攻击能力差，山本五十六设想将潜艇与航空母舰合二为一。计划让潜艇化身为搭载轰炸机的航空母舰，悄悄将轰炸机运送到指定地点，然后轰炸机从潜艇上起飞进行轰炸。1942年，在山本五十六的授意下，日本海军开始研制潜水航母，最终的成果就是伊400级大型载机潜艇。

伊400级潜艇全长为122米，全宽为12米，水上排水量为3550吨，水下排水量为6560吨，设计最高航速为水上18.7节、水下7节，是二战时期世界上最大的潜艇。所携带的燃料足以绕地球航行一圈半，也就是说，其作战半径可达到世界上任何一个角落，持续作战时间长达四个月以上，而且，它能搭载3架水上攻击机并迅速投入战斗。

之所以能携带飞机，是因为在伊400级潜艇的甲板上设计有一个长约35米、直径为3.7米的密封机库，机库是这种庞大的"潜水航母"的核心部分，里面可以容纳3架折叠起机翼的"晴岚"水上攻击机。机库口延伸出一条26米长的弹射滑索，作战时将这些水上飞机从液压舱门里拖曳出来，在前甲板上组装好，加油挂弹，最后，用前甲板的一部26米长的蒸汽弹射器发射升空。任务完成后，飞机会降落在潜艇附近的海面上，用潜艇上的大马力吊车回收入库。

此外，伊400级潜艇还配备了强大的火力支持，潜艇尾部的甲板上，装有1门140毫米主炮，这是有史以来安装在潜艇上的最大火炮。另外，还有三联装25毫米高射炮3门、单管25毫米高射炮1门、舰艏鱼雷发射管8具。

伊400级潜艇起初设计艇员为157人，在实际作战中共搭载220人。经过训练的艇员可在45分钟内完成"晴岚"水上攻击机的装配、加油、挂弹和弹射。伊400级潜艇的巨大航程使其可以攻击远在旧金山、巴拿马、华盛顿或纽约的目标。

伊400级潜艇

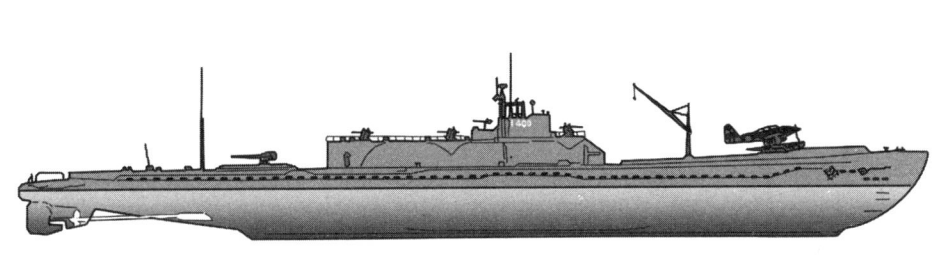

伊400级潜艇并没有参加过任何战斗,在其攻击美国海军特遣队之前,战争就已经结束

伊400级潜艇的结构

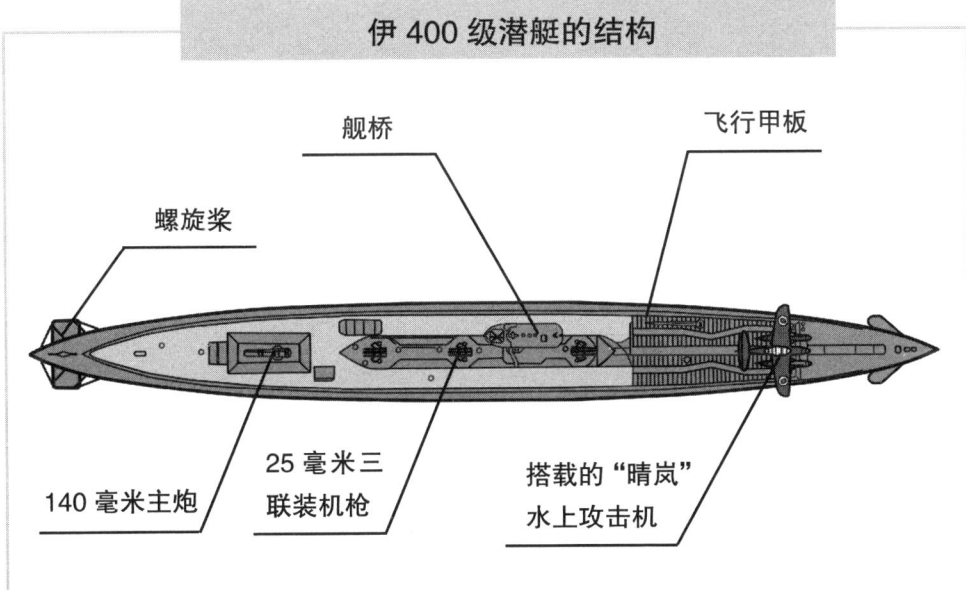

伊400级潜艇的整体结构和其他潜艇并没有多大区别,但在其艇艏有一段飞行甲板,用于"晴岚"水上攻击机的起飞

伊400级潜艇（2）

伊400级潜艇共建成3艘，分别是伊-400号、伊-401号和伊-402号。伊400级潜艇建成之后，日本在太平洋战场上的形势已经每况愈下。此时，日本制订了一个疯狂的计划，他们试图使用伊400级潜艇潜至太平洋东岸，摧毁巴拿马运河上的船闸，使巴拿马运河航运"瘫痪"，以此来抵挡美军。

当这些潜水母舰准备出发时，战况却已进一步恶化。由超过3000艘战舰和运输舰组成的盟军舰队开始执行为进攻日本本土做准备的"奥林匹克"行动。这迫使日本重新考虑攻击巴拿马的计划。经过激烈争论，攻击目标被改为在乌利西环礁集结的美国舰队。

就在伊400级潜艇到达攻击位置之后，日本裕仁天皇广播了投降诏书。最后，舰队司令决定遵从命令：将潜艇升至海面，挂起黑旗，销毁了所有资料，发射了所有的鱼雷，把全部的艇载机也抛进了大海。

1945年8月28日，在本州岛以东的海面，美国海军接受了伊-400号、伊-401号、伊-402号潜艇的投降。此后，它们被拖往美国本土进行进一步研究。

一战中的潜水航母

德国是最早研发潜水航母的国家。1915年1月15日，一艘U12运载一架侦察机以及一枚12千克重的炸弹尝试借潜水航母增加轰炸英国的范围，计划用U12以上浮航行的方式运载该侦察机，飞机起飞后潜艇下潜返航，飞机则飞回机场或在海上降落。尽管飞机成功起飞，但由于飞机在甲板上被海水浸泡，产生许多问题需要解决，最终这个实验被德国海军司令部认为不实际而被迫中止。

伊400级潜艇所搭载的武器

1门140毫米主炮
三联装25毫米高射炮3门
单管25毫米高射炮1门
舰艏鱼雷发射管8具

伊400级潜艇的武器系统

主要包括了潜艇上搭载的各种火炮和鱼雷发射管,除此之外,另有3架"晴岚"攻击机可以随时从甲板上起飞,用于执行巡逻或攻击任务

143

"大和"号战列舰

"大和"号战列舰是二战期间日本建造的超级战列舰，排水量超过65000吨，舰体长为263米，舰宽为38.9米，3座三联装460毫米口径的主炮可以击穿当时世界上任何一艘战列舰的主装甲，其主装甲厚度为410毫米，这个厚度就算同时被2枚鱼雷或数枚重磅航弹命中也不致影响战斗，最高航速达到27节，建造费用相当于当时建造日本海军的3艘"飞龙"级航母或1.6艘"翔鹤"级航母。巨大的吨位、强大的火力、厚重的铁甲，"大和"号的确是人类历史上最大的战列舰。

"大和"号采用了当时日本最先进的技术建造而成。如舰首采用球形设计（这种球状舰首处于水线下约3米的地方），内装有水下听音器，与如今的舰首声纳颇有些相似之处。同时，因采用了这种新颖的舰首设计，水线处约减少了3米的长度，排水量节省30吨左右。此外，"大和"号从设计阶段就开始考虑如何完善司令部设施，"大和"号有2座舰桥，在烟囱之前的舰桥，是全舰的战斗指挥中枢。舰桥侧面面积为310米^2，正面面积却只有159米^2，约相当于侧面积的一半，其迎风阻力自然也就比较小。

此外，"大和"号配备的460毫米口径的主炮是有史以来配备在战列舰上的口径最大的火炮。每一门炮重165吨，而三联装的炮塔总重为1720吨，加上炮塔装甲和弹药的重量，单座炮塔的全重就有2774吨，相当于一艘驱逐舰的排水量。

在自身防护方面，"大和"号也可谓达到了"极致"。按照设计要求，装甲应能够承受自身460毫米口径的主炮在20000～30000米距离上的打击，甲板还能抵御从3900米高度投下的800千克重的航空炸弹的袭击。为实现上述要求，安装了共重22895吨的装甲和防御板，占全舰正常排水量的33%。

由于"大和"号战列舰排水量最大、火力最强、装甲最厚，它被誉为无坚不摧的"海洋钢铁城堡"。因此，迷信大舰巨炮制胜论的日本海军对它的期望值很高，认为凭借像"大和"号这样的单舰威力就可驰骋太平洋，与美舰队抗衡了。"大和"号建成后，便成为了日本联合舰队的旗舰。

但当它开始服役时，战列舰的黄金时代已经过去。1945年4月7日，"大和"号战列舰率领日本联合舰队残存的舰艇向美国海军发起自杀式袭击，被美军飞机炸沉。

"大和"号战列舰的结构

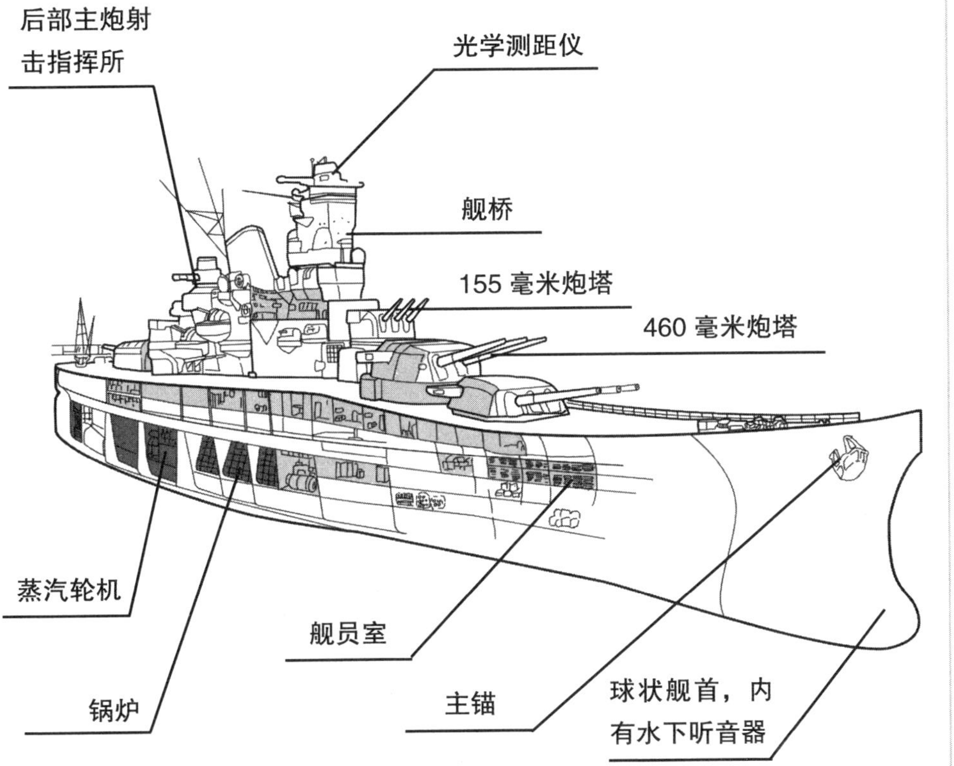

- 后部主炮射击指挥所
- 光学测距仪
- 舰桥
- 155毫米炮塔
- 460毫米炮塔
- 蒸汽轮机
- 锅炉
- 舰员室
- 主锚
- 球状舰首，内有水下听音器

"大和"号战列舰的武器
3座三联装460毫米炮塔
2座三联装155毫米炮塔
12座两联装127毫米高射炮
52座三联装25毫米机枪

067 冰山航母

二战时期，时任英国首相的丘吉尔曾提出过一个惊人的计划，那就是建造一艘永不沉没的航空母舰。这个计划被命名为"哈巴谷计划"，或者可以称其为"冰山航母计划"，计划用"冰"来制造航母，因为没有人能把冰块击沉。这不仅是航母史上，也是造船史上空前绝后的巨大船舰建造计划。这艘名为"哈巴谷"的航母排水量预计达到200万吨，全长为610米。而同时期的超级战列舰日本"大和"号排水量约为7万吨，后来的核动力航母"尼米兹级"才10万吨左右。因此，只能用一个字来形容这艘待建的冰山航母，那就是"大"。

"哈巴谷"航母的构建材料是一种称为派克瑞特的材料，它是在冰块中混入一定数量的木纤维浆，这种材料很难融化，甚至拥有相当于混凝土的强度。把派克瑞特排成区段状，然后用钢架做骨架将之包围起来构成船体。

具体的设想是，它以蒸汽涡轮发电带动马达运转，以7节的速度航行。材料的浮力使其不会沉到海中，甚至在受到损伤时也能借助海水和木浆自行修复，算是无敌的不沉航母。

毫无疑问，"哈巴谷计划"是一个疯狂的想法，它最终没有成为现实。这一计划原本是英国为了针对德国的U型潜艇想出来的对策，不过，由于雷达得到广泛应用使得U型潜艇不再那么令人头疼，但这一耗资巨大的计划在1943年12月宣告终止。

不过，加拿大曾经制造过一个小型的"永不沉没"的"航母"，它的重量只有1000吨，长约18米。这艘迷你"航母"的出现证明英国人当年提出的"哈巴谷计划"是可以实现的。

派克瑞特冰足够坚硬吗？

派克瑞特冰是美国科学家赫尔曼·马克和沃尔特·霍恩施泰因发现的，他们将棉花和纤维加入由淡水研制而成的冰，使冰具有良好的机械性能和高强度。在实验中，派克瑞特冰就经受住了子弹的射击。

```
利用冰山          庞大无比

钢制骨架          直接操作陆用机

派克瑞特材料      移动的"海上基地"
```

↓

冰山航母

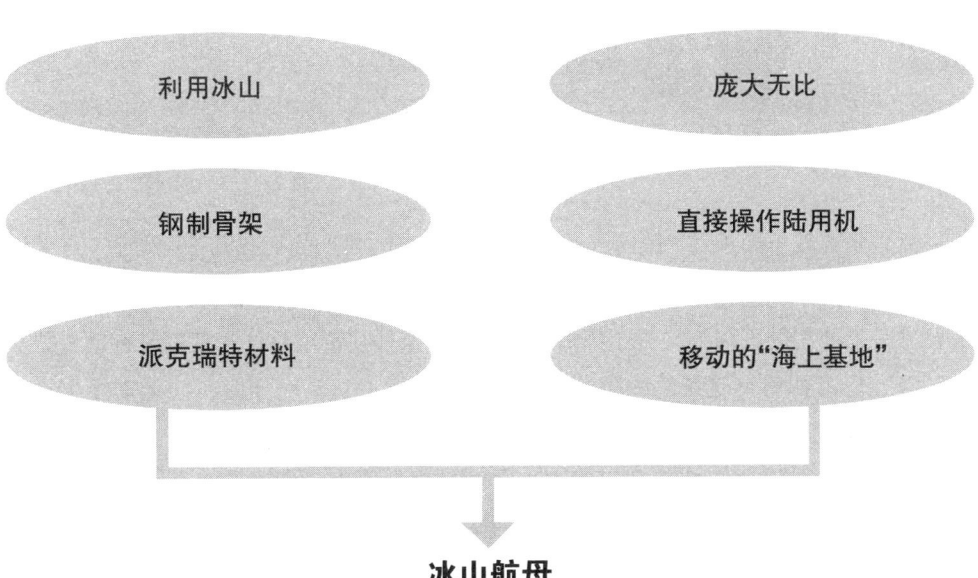

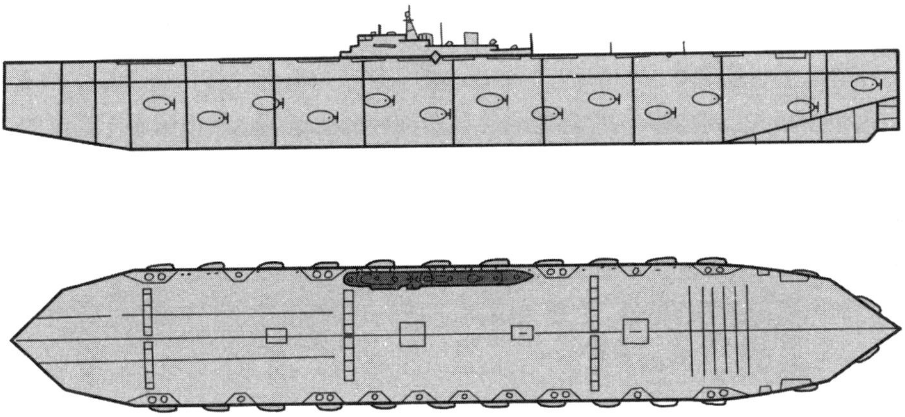

冰山航母

排水量：200万吨　　预定乘员：1590名

全长：610米　　舰载机：200架战斗机和200架轰炸机

068 圆盘战舰

克里米亚战争结束后，俄国战败，与英国、法国、奥斯曼土耳其帝国等签订了《巴黎条约》。根据条约规定，禁止俄国在黑海保留战舰。但是，俄国拥有的大多数海上贸易必须使用的不冻港均位于黑海，而奥斯曼土耳其帝国对这些港口又构成威胁。俄国开始思考如何突破条约的限制，保护其海岸线的贸易。当时，同奥斯曼土耳其舰队相比，俄国舰队处于守势。与此同时，浅水重炮舰的兴起，引起了俄国的兴趣。

1869年，俄国决定建造装甲舰来保护其港口和海岸。俄国海军少将波波夫建议建造配备有厚装甲、浅吃水、排水量小的圆型战舰。为了验证这个设计的可行性，他建造了一个直径为3.35米的模型。试验取得了成功，建造全尺寸的原型战舰得到批准。1871年，普法战争法国战败后，俄国宣布废除条约，准备恢复黑海舰队。

俄国最初计划建造10艘圆盘战舰，但在1871年初仅有2艘战舰开始建造。1873年5月21日，首舰"诺夫哥罗德"号下水。1874年8月27日，"波波夫"号正式组装。

在海试中，"诺夫哥罗德"号的航速可达到7节，"波波夫"号的航速超过了8.75节，比首舰快1.75节。波波夫向总部报告，圆盘战舰的航速可达到俄国海军当时的近海防御舰的速度，随后，又为战舰安装了火炮。火炮的射速达到了其他舰艇的开火速度。

这两艘圆盘战舰建成之后，虽然因奇特的外形吸引了许多人的关注，但实际上却从来没有被真正派到战场上。这是因为从舰艇设计角度来说，它们是不成功的。由于船底圆平，稳定性很差，只要海浪高过1米，战舰便开始上下颠簸、左右摇晃，非常不稳，影响射击精度。其次，它的操纵性能不佳，受水流影响大，根本不适合在海上使用。

圆盘战舰

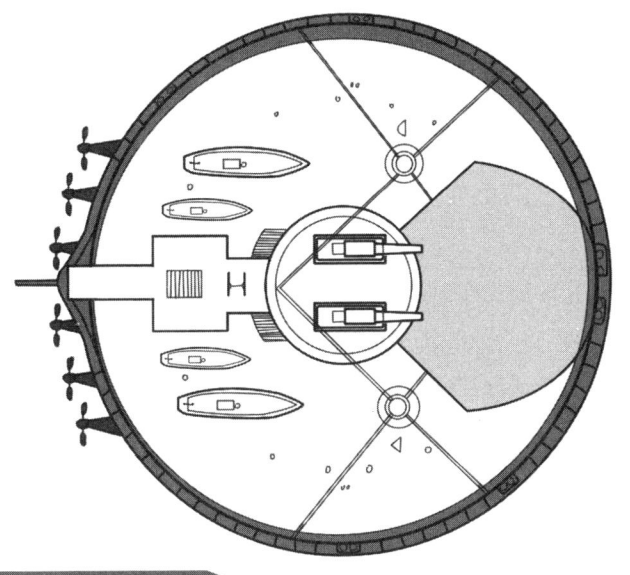

"诺夫哥罗德"号

直径：30.8 米

吃水：3.75 米

标准排水量：2491 吨

满载排水量：2671 吨

航速：7 节

武器：2 门 4 磅炮、16 门 37 毫米炮

圆盘战舰并没有使用多久就被废弃，图为被丢弃在港口的"波波夫"号

会转弯的枪

无论是机枪、步枪，还是手枪，无一例外，它们的枪管都是笔直的。但却并非所有的枪都是直枪管，历史上曾出现过一些枪管弯曲的枪械，这些枪械又有哪些用途呢？

弯管枪的研制和发展始于二战初期。1942年1月，德国科学家将口径为50毫米的反坦克炮炮管弯曲55°，并将炮管固定在发射装置上，从炮管尾部用MG13机枪向炮管内射击，射出的子弹最终以偏角射入地面，试验宣告成功。

最终，德国人在StG44突击步枪的基础上制造了StG44-V弯管枪。这种枪主要被装备在坦克上，用于射击位于坦克四周的敌人。该枪使用三棱镜瞄准，能使士兵从坦克内部向任何方向射击，将坦克的射击死角从140米缩小到100米以内。

除此之外，德军还将其运用到了巷战当中。在盟军攻克柏林的巷战中，德国士兵使用这种弯管枪，可以整个人隐蔽在墙后，枪管则沿墙角弯曲前伸，这样，可在自己完全隐蔽的情况下准确杀伤对手。

在当时的战斗环境中，弯管枪在利用隐蔽物方面有相当好的效果，如巷战中墙体的利用、堑壕中壕壁的利用，都帮助士兵隐蔽自己，出其不意地消灭对手。但是，弯管枪也有着致命的弱点，如在堑壕战过程中，有时从伏击战转向正面交战，士兵需要从堑壕中跳出，与对手面对面射击，此时，弯管枪便失去了优势，甚至失去了使用价值。

战后，美军用缴获的弯管枪进行发射试验，在发射了150发子弹后，发射口的一侧出现严重磨损。此外，使用盘形枪架的坦克，搭载弯管枪很难进行射击控制，只有极少发射出的枪弹没有损伤，大部分都成了碎片。

StG44-V 弯管枪的结构

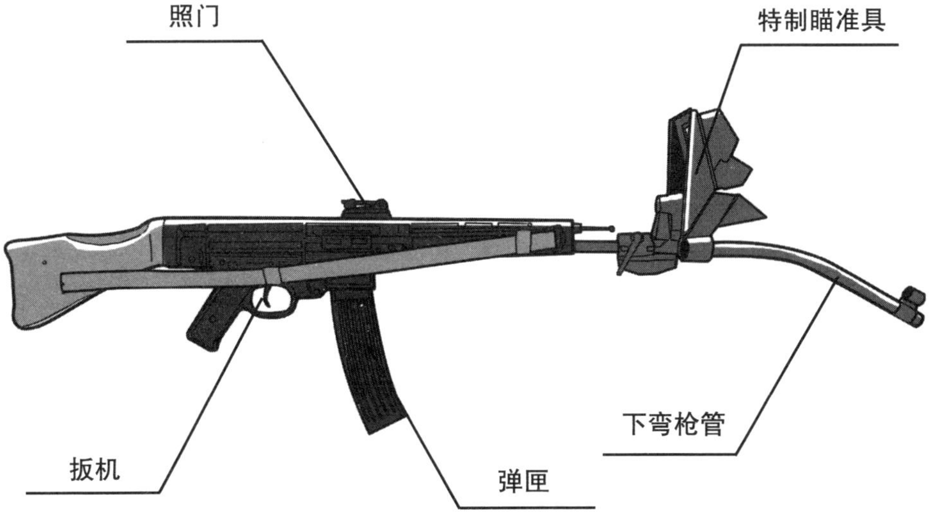

照门

特制瞄准具

下弯枪管

扳机

弹匣

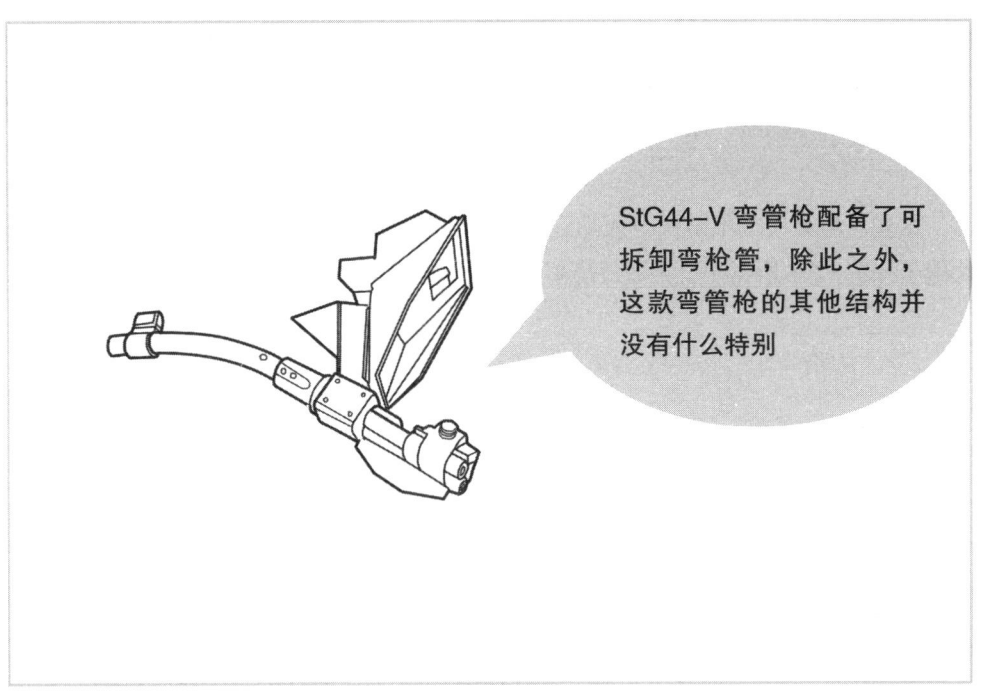

StG44-V 弯管枪配备了可拆卸弯枪管，除此之外，这款弯管枪的其他结构并没有什么特别

反坦克犬

反坦克犬是苏联在苏德战争初期使用的一种反坦克武器。苏联将狗用于战场可以追溯到1924年，它们的具体用途包括搜寻在大雪中失踪的士兵、通过爆炸物的气味找出埋好的地雷等。

在苏德战争爆发之前，苏联人就已经开始进行一系列对军犬的训练和试验，目的是要借助军犬把炸弹运送到德国坦克装甲最薄弱的底部。训练中，人们先让军犬挨饿，几天后再让它们在行进中的坦克下进食。这样的训练会使军犬在看到坦克时分泌唾液，因为它们会将坦克和进餐时间联系在一起。

在军犬学会跑向敌方坦克后，苏联人想出了一个计划：让狗携带炸药包跑到坦克下面，放下炸药包，再返回士兵身边，但是，这项训练没有达到预想中的效果。

随后，苏联改变了策略，改为对军犬进行简单的训练，只让其钻到坦克下面，然后立刻将炸药包引爆，连军犬一同炸死。

士兵将炸药绑在军犬的背上，并在前线靠近德军坦克的地方放开它们，军犬会快速地冲到坦克下面寻找食物。但在这时，连接炸药包的一根杠杆就会因撞上坦克底部而被扳动，引爆炸弹。

德军得知苏联使用军犬作为反坦克武器，于是，在东线战场上，德军以狂犬病为由射杀了大量的狗。结果，狗的数量锐减，也不太可能在战场上对敌军构成严重打击。

这些反坦克犬也不是没有成功过，在库尔斯克战役中，苏联人用反坦克犬成功炸毁了德军12辆坦克。这大概是历史上反坦克犬最成功的一次战斗记录。

规模最大的坦克战

1943年，在苏德战场上，德国与苏联于库尔斯克爆发了一场大会战——库尔斯克会战。这次战役中，双方共投入了超过268万名士兵和6044辆坦克，是史上规模最大规模的坦克会战。

反坦克犬和所携带的炸药结构

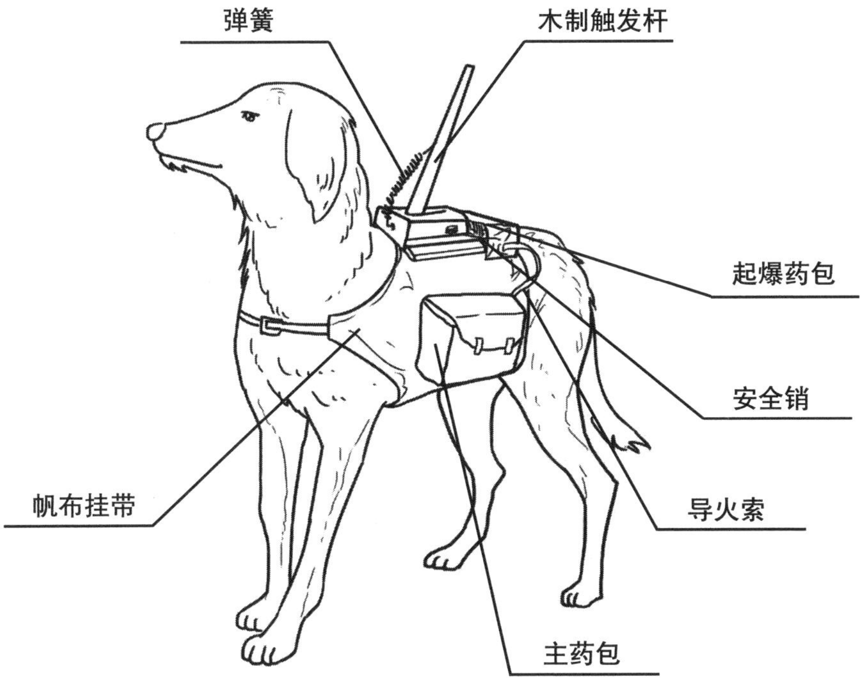

- 弹簧
- 木制触发杆
- 起爆药包
- 安全销
- 导火索
- 主药包
- 帆布挂带

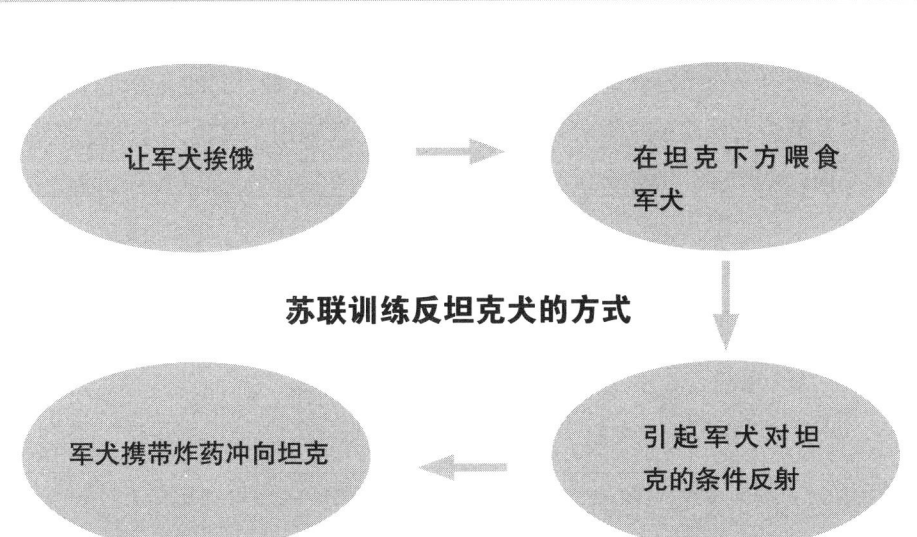

苏联训练反坦克犬的方式

让军犬挨饿 → 在坦克下方喂食军犬 → 引起军犬对坦克的条件反射 → 军犬携带炸药冲向坦克

071 螺旋桨滑行装甲车

一战时期，世界上许多国家都研制了装甲车。当时的装甲车并没有经过专门设计，而是在汽车上安装为装甲兵配备机枪而成的，装有机枪的装甲车能够有效地在移动中攻击敌方步兵。

当战争陷入僵持之时，堑壕战成为欧洲的主要战争形式，装甲车的使用机会越来越少，但在其他战场（如非洲、中东地区），装甲车仍然十分重要。

在诸多的装甲车型号中，有一款英国生产的"西泽尔·波维克"螺旋桨滑行装甲车。

这款螺旋桨滑行装甲车最大的特点是在车体的后部装上了飞机的螺旋桨，靠螺旋桨产生的推力使装甲车能在沙地上滑行并行驶。这是专门针对非洲和中东地区柔软的沙地而设计的，结果证明这种设计非常成功。该车动力装置为110马力的航空发动机，不仅与当时的装甲车相比动力性能十分优秀，就连在二战中的许多坦克，在动力方面也赶不上它。因此，"西泽尔·波维克"螺旋桨滑行装甲车能够以很快的速度行进。

这种装甲车的构思无疑是非常巧妙的，但是，实际效果并不十分理想，由于螺旋桨运转的时候会扬起巨大的沙尘，很容易过早暴露自己的位置，而露在外面的飞机发动机和螺旋桨很容易被敌方的武器摧毁。

此外，由于受车身结构的限制，"西泽尔·波维克"螺旋桨滑行装甲车的武器仅有一门向前射击的固定机枪，无法安装旋转炮塔，这无疑令它的火力大打折扣。

最终这款奇特的螺旋桨滑行装甲车仅仅生产了几辆用于试验，并没有被英国军方大量采用，也没有参加实战。

在车身后方,安装的是一具能够提供110马力的航空发动机,它产生的巨大推力能够令该车迅速行进。该螺旋桨滑行装甲车的主要武器是一挺7.7毫米口径机枪,机枪方向是固定的,只能向前方射击

螺旋桨滑行装甲车的特点
动力强、速度快
搭载的武器少
武器攻击方向单一

装甲列车

所谓装甲列车，是一种在铁路沿线使用的装甲铁路车辆。最早的装甲列车是美国南北战争期间用来对骑兵作战时使用，到19世纪末20世纪初，装甲列车开始被大量使用。装甲列车在这一时期非常好用，早期的装甲列车比较简易，在牵引车的前面和尾车加挂一节有沙包和装甲板的炮车，炮车和牵引车没有装甲保护。

英国在布尔战争中大量使用了装甲列车，装甲列车此时也日趋发展成熟。有些装甲列车上甚至装载上坦克装甲车辆，以便自卫。更有甚者，用特殊设备使履带式坦克在不大改的前提下，在铁轨上来去自如或用机车头带动坦克前进。

随着航空兵和装甲坦克兵的发展，降低了装甲列车的使用率。装甲列车多用于对后方铁路交通线的警戒，普遍装备有高射炮和高射机枪，对掩护大型铁路枢纽和铁路车免遭敌航空兵的袭击起到了一定的作用。

德国的BP42/44是二战中最典型的装甲列车，车厢包括推车、坦克搭载车厢、火炮车厢、防空车厢、指挥车厢、牵引车，牵引车位于整列装甲列车的中间。与此前的装甲列车相比，BP42/44所有车厢都装有重装甲，防护力很强。同时，火力系统也得到加强，列车前后各有一辆火力支援载卡、防空及火力支援载卡和指挥载卡，支援火炮使用缴获波兰的le.F.H 14/19(p)100毫米榴弹炮或缴获俄国的F.K 295(r)76.2毫米榴弹炮，而防空火炮则使用四联装联装德国的Flak 38型20毫米火炮。

战后，各国不再发展这种完全依赖铁路机动作战的装甲车辆。

张宗昌与装甲列车

早在清末民初，沙俄军队在中俄边境与中东铁路沿线使用了铁甲列车。受此影响，20世纪20年代前期，奉系军阀就开始在东北使用轻便型的铁甲列车担任护路工作。至于直接用于作战的重型铁甲列车，当数张宗昌所建立的铁甲列车队时间最早、规模最大、战绩也最为突出。

装甲列车及其构成

行驶在铁路上的装甲列车，通常其作用是为了保护铁路线免遭破坏

装甲列车的车厢

- 推车
- 牵引车
- 坦克搭载车厢
- 指挥车厢
- 火炮车厢
- 防空车厢

073 特洛伊木马

特洛伊木马是特洛伊战争中希腊联军用来攻破特洛伊城的大木马。公元前12世纪的特洛伊战争期间，希腊联军在久攻不下之际，利用木马装载士兵进入城内，趁着夜色打开城门，攻陷了特洛伊。

事情的起因是特洛伊王子帕里斯来到希腊斯巴达作客，受到了墨涅依斯的盛情款待。但是，帕里斯却拐走了麦尼劳斯的妻子海伦。这就成为特洛伊战争的导火索。

麦尼劳斯和他的哥哥迈锡尼国王阿伽门农决定讨伐特洛伊，阿伽门农纠集了10万联军跨海进攻特洛伊。由于特洛伊城池牢固，易守难攻，希腊士兵围攻了长达10年都未能破城。

奥德修斯献计，让希腊士兵烧毁营帐，登上战船离开，制造撤退回国的假象，并故意在城下留下一具巨大的木马，在马腹中藏有士兵。然后，烧毁营地，在木马身上写下"献给雅典娜女神"这几个字。

特洛伊人惊讶地围住木马，他们不知道这木马是干什么用的。有人要把它拉进城里，有人建议把它烧掉或推到海里。正在这时，有几个牧人捉住了一个希腊人，将这个希腊人绑着，带去见特洛伊国王。这个希腊人告诉国王，这个木马是希腊人用来祭祀雅典娜女神的。希腊人猜想特洛伊人会毁掉它，这样就会引起天神的愤怒。但如果特洛伊人把木马拉进城里，就会为特洛人带来神的赐福，所以希腊人把木马造得这样巨大，使特洛伊人无法拉进城去。最终，特洛伊人拆毁了一段城墙才把木马拉进城去。

当晚，正当特洛伊人酣歌畅饮欢庆胜利的时候，藏在木马中的联军士兵悄悄溜出，打开城门，放进早已埋伏在城外的希腊军队，一举攻破了特洛伊城，将特洛伊城内的居民屠杀殆尽，一夜之间特洛伊化为废墟。

"木马屠城"的故事

战争经过
斯巴达国王墨涅依斯因为其妻子海伦被帕里斯所带走;
希腊各城邦共同出兵特洛伊;
希腊人打造木马,并伪装撤退;
特洛伊人将木马带回城,城池被攻破

木牛流马

军粮在战争中的巨大作用毋庸置疑，无论战况如何，一旦军粮告竭，就只能被迫撤退了。尤其是在运输方式单一的古代，粮草的补给往往会成为左右战局的关键。

公元 228 年，诸葛亮北伐曹魏，但是面临着粮草运输困难的问题。为此，诸葛亮发明了一种称为木牛的运输工具。木牛是一种从前方牵引、全长约 1.4 米的独轮车（也称为双轮车），每辆木牛能搭载一名成人一年的军粮。由一人拉车、三人推车的方式，即使一天行进数十里也不觉疲劳。

公元 234 年，诸葛亮第五次北伐。由于上次北伐的路线已被魏军重重布防，这次只能选择更加险峻的路线，单靠木牛已经不能保证粮草的运输了。因此，诸葛亮又发明了一种称为流马的运输工具。

流马是一种手推式独轮车，装有货架，每次能容纳将近 100 斤重的米包，虽然运量比木牛要少，但是更适合险峻的道路。

虽然依靠这两种工具解决了蜀军的粮草运输问题，但是由于国力差距太大，诸葛亮的北伐最终失败。

现代也有类似于木牛流马的运输装置。美国军方近年来为了应付在阿富汗战场的崎岖山路上运输军粮物资的问题而研制了一种军用机器人，形如骡子。机械骡的自重 567 千克，可以运载 181 千克的物资并以 16 千米/时的速度行走，可连续工作 24 小时以上。其动力为一具 15 匹马力水冷式发动机，身体内置全球定位系统，四只机械脚都有弹簧去吸收落地时的冲力，相当于蹄的部分为力传感器，配合陀螺仪而能令其电脑控制平衡，脚上的作动器（相当于腿肌肉）能把发动机产生的电力变成机械动作，帮助它前进。

机械骡能自动跟随士兵前进，由士兵遥控或声控，它可听得懂前进和停止等简单指令。

木牛	流马
·能够搭载一名成年人一年的军粮 ·据说是靠四人推动的独轮车	·能够搭载两个合计近100斤重的米包 ·由一名士兵推动 ·采用独轮的构造

木牛

流马

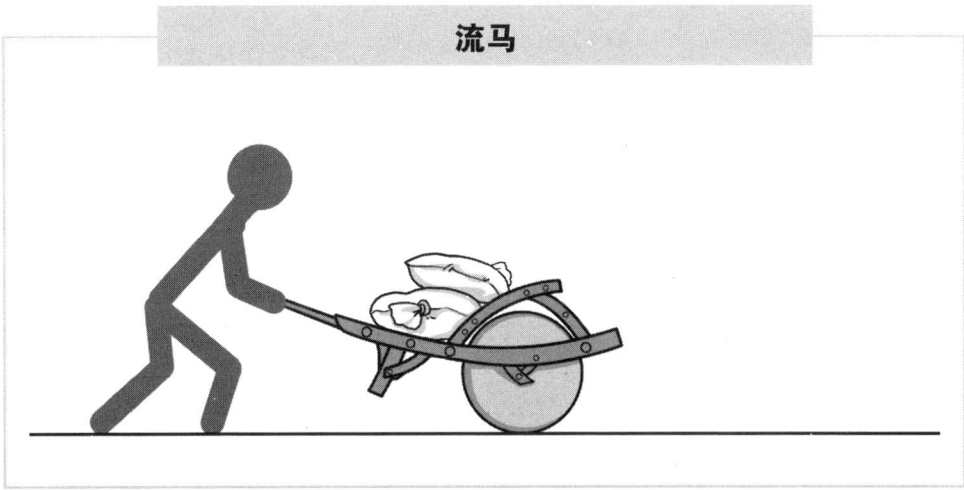

075 希腊火

公元395年，罗马帝国分裂为东和西两个帝国，西罗马帝国很快灭亡了，东罗马帝国在此后还存在了1000多年，在史书中，东罗马帝国也被称为拜占庭帝国。然而，当奥斯曼帝国崛起以后，拜占庭帝国屡次遭到侵略，其首都君士坦丁堡也多次陷入危机当中，而解救了危机的正是希腊火。

公元673年，奥斯曼帝国包围了君士坦丁堡，并对其进行了长达7年的海上封锁，最终，拜占庭帝国依靠希腊火打败了奥斯曼帝国。

希腊火相当于现代的火焰喷射器，据说它是希腊的建筑学家尼可斯发明的。对于希腊火的配方和制作方法，后世知之甚少，原因在于拜占庭帝国的严格的保密措施。拜占庭帝国研制和生产希腊火都是在皇宫内进行，身授御令又被牢固控制的加利尼科斯家族控制着整个运作系统。拜占庭帝国皇帝曾谕其子说："尔宜照料以上诸事，尤须关切管中喷出之海火。倘有人敢问此机密，如寻常有奏问于朕者，尔当严词拒之。"

根据文献记载，希腊火是把一种液状或者胶状的可燃性物质装进小箱子里，然后投向敌人，利用技术将这些可燃性物质吸入管子之后喷射出火焰，这种火焰火势极大，单靠浇水根本不起作用，只能用沙子来扑灭。根据这种特点可以推测，希腊火的原材料应该是石脑油，还可能含有硫磺、硝石、石油、松脂等成分。

希腊火为守护拜占庭帝国做出了巨大贡献，在多次战争中，希腊火都是拜占庭帝国赖以生存的王牌。尤其是在海战当中，它能轻而易举地将敌人的船只烧毁。

君士坦丁堡城墙

君士坦丁堡城墙是一道围绕并保护君士坦丁堡（今土耳其伊斯坦布尔）的石墙，城墙自罗马帝国君士坦丁一世建都以来已存在。君士坦丁堡城墙经历过无数次的加建及修补，是现存的古代要塞体系，也是世界上最复杂、最精密的要塞体系之一。

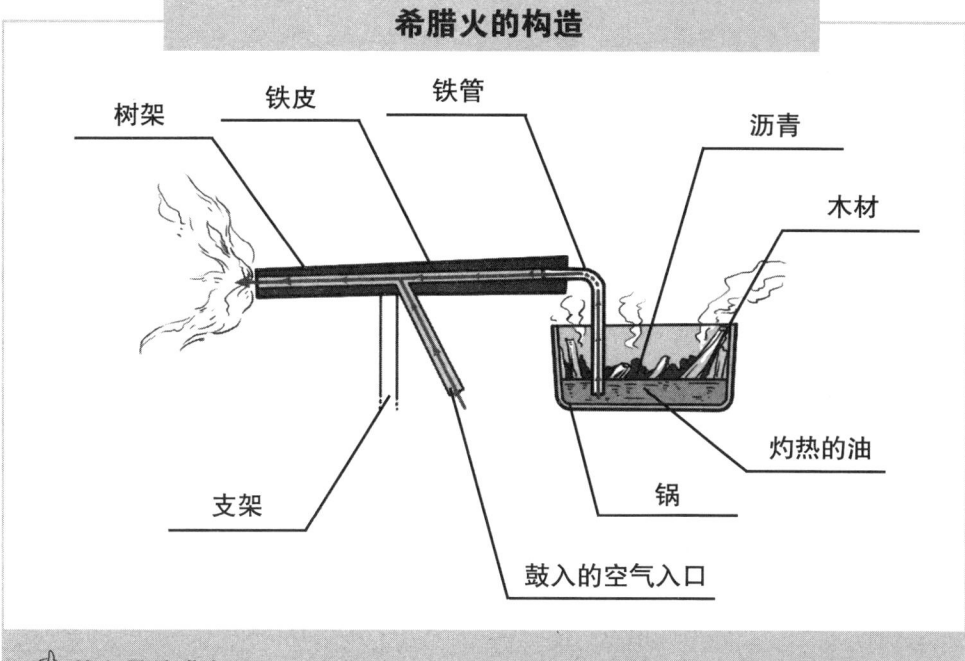

什么是希腊火?
- 由拜占庭帝国发明的秘密武器
- 在奥斯曼帝国入侵的战争中多次挽救了拜占庭帝国
- 制造方法极为保密,随着拜占庭帝国的灭亡而失传
- 即使浇水也无法扑灭

拜占庭人使用希腊火的场景

神火飞鸦

神火飞鸦是中国明代的一种火箭武器。

根据明代史书的记载,神火飞鸦外型如乌鸦,用细竹或芦苇编成,内部填充火药,鸦身两侧各装两支"起火"(即小型火箭),"起火"的药筒底部和鸦身内的火药用药线相连。作战时,用"起火"的推力将飞鸦射至约300多米外,飞鸦落地时内部装的火药被点燃爆炸。

火龙出水是明代研制成的二级火箭,是将毛竹刮薄,前部用木雕成龙头,后部雕成龙尾,将火箭上的药线聚总一处,龙头下缚定两个火箭筒。作战时,点燃总药线后,整个火龙便迅即飞至敌方,这是第一级。当第一级火箭发射药燃尽后又引燃龙腹内的火箭,于是火箭从龙口内喷射而出,攻击敌人,这是第二级火箭。因第一级火箭内含发射药,故推力相当大,如在水面发射,则可在水面上飞行1.5千米远。这种火箭多用于水战,犹如"火龙"飞出水面。

火龙出水的二级火箭是一种被称为"神机箭"的箭矢。神机箭与普通的箭矢外形无疑,但它无需使用弓弩发射,仅依靠绑缚在箭矢身上的火箭就能发射,而且射程很长,通常可达1千米左右。

《武备志》一书中记载了神机箭的制作方法:以矾纸为筒,放满火药,外置火块油纸封口,再钻一孔装药线,这部分便是用来起推进作用的火箭部分;用竹为杆,箭镞燕尾形,未装翎毛,即箭矢部分。

使用神机箭的时候可以将其置于大竹筒内,朝向敌方点火,顺风时能射百步之遥,逆风时使用则效果不佳,水陆战皆可用,水战时使用神机箭能用来烧毁敌船,陆战时使用它能烧毁敌方营房。

神火飞鸦

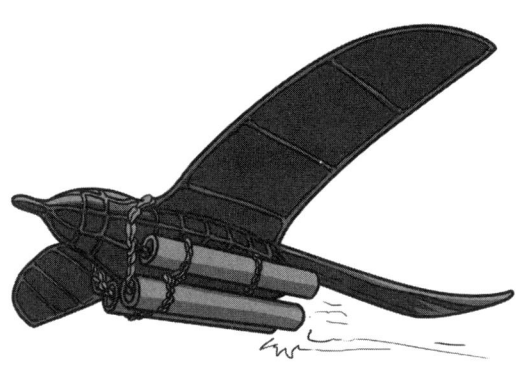

火龙出水的发射步骤：
①点燃发射筒外的火药筒，推动火箭飞行，此为第一级火箭；
②外部火箭筒燃烧殆尽时会引燃内部的火箭，火箭从龙口射出，此为第二级火箭

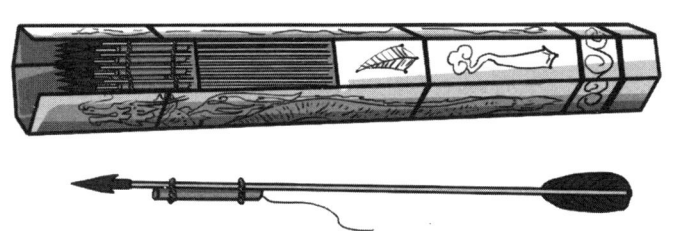

火龙出水